PHP动态网页设计教程

(第2版)

黄迎久　石　炜　主　编

赵军富　徐　扬　张利新　王　猛　副主编

清华大学出版社

北　京

内 容 简 介

本书以 XAMPP 为开发平台，全面介绍了 PHP 和 MySQL 的基础知识、程序结构及网页制作技巧。全书共分 14 章，内容分别为 PHP 简介与开发工具、PHP 语言基础、PHP 流程控制语句、自定义函数、数组、字符串处理、PHP 与 Web 页面交互、MySQL 数据库、PHP 操作 MySQL 数据库、PHP 会话控制、图形图像处理、文件和目录操作、面向对象和 PDO 数据库抽象层。

本书以最新发布的 PHP 7.4 版本为主讲内容，结合 MySQL 数据库，全面、详细地介绍了 PHP 动态网页设计的基础知识和设计技巧。全书结构合理、思路清晰、语言简练流畅、实例翔实，每章均配有应用性很强的综合实训案例，旨在培养学生的实践动手能力。

本书可作为普通高校非计算机专业计算机类课程的教材，也可以作为 PHP、MySQL 网页设计的自学用书。

图书在版编目(CIP)数据

PHP 动态网页设计教程/黄迎久，石炜主编. —2 版. —北京：清华大学出版社，2021.3（2022.8 重印）
ISBN 978-7-302-57581-8

Ⅰ. ①P… Ⅱ. ①黄… ②石… Ⅲ. ①PHP 语言—程序设计—教材 Ⅳ. ①TP312.8

中国版本图书馆 CIP 数据核字(2021)第 028823 号

责任编辑：桑任松
封面设计：杨玉兰
责任校对：李玉茹
责任印制：宋　林
出版发行：清华大学出版社
网　　址：http://www.tup.com.cn, http://www.wqbook.com
地　　址：北京清华大学学研大厦 A 座　　邮　　编：100084
社 总 机：010-83470000　　邮　　购：010-62786544
投稿与读者服务：010-62776969, c-service@tup.tsinghua.edu.cn
质量反馈：010-62772015, zhiliang@tup.tsinghua.edu.cn
课件下载：http://www.tup.com.cn, 010-62791865
印 装 者：三河市龙大印装有限公司
经　　销：全国新华书店
开　　本：185mm×260mm　　印　张：15.75　　字　数：386 千字
版　　次：2017 年 4 月第 1 版　2021 年 4 月第 2 版　　印　次：2022 年 8 月第 3 次印刷
定　　价：48.00 元

产品编号：088816-01

前　言

PHP 是当今最普及、应用最广泛的 Web 应用开发语言之一，全世界有超过 3000 万个网站和 2 万多家公司选用了 PHP，其中包括百度、雅虎、德国汉莎航空电子售票系统、华尔街在线金融信息发布系统等。在近几年的编程语言排行榜中，PHP 以其卓越的性能一直稳居前列，PHP 7.0 的正式发布更是掀起了新一轮的 PHP 应用狂潮。

作者根据多年的教学经验，结合最新发布的 PHP 7.4 和 MySQL 数据库，在分析、总结国内外多种同类教材的基础上，编写了本书。本书力求理论联系实际，通过贯穿全书的实训案例，引导和启发学生快速掌握网站建设的方法。

本书共分 14 章，内容如下。

第 1 章主要介绍 PHP 语言的发展过程及特点、XAMPP 系统的安装与启动、PHP 语言的基本语法知识。

第 2 章主要介绍 PHP 语言的数据类型、常量和变量、运算符和表达式等内容。

第 3 章主要介绍 PHP 流程控制语句——if 语句、if…else 语句、switch 语句、while 语句、for 语句等内容。

第 4 章主要介绍自定义函数的基本概念、变量的作用域等内容。

第 5 章主要介绍数组概述、一维数组、二维数组等内容。

第 6 章主要介绍字符串的基本概念、处理字符串的相关函数等内容。

第 7 章主要介绍 Web 页面各类控件的属性以及 PHP 程序采集数据的方法等内容。

第 8 章主要介绍 MySQL 数据库，以及操作数据库、数据表、记录等相关 SQL 语句和 MySQL 命令等内容。

第 9 章主要介绍 PHP 程序连接 MySQL 数据库，利用 SQL 语句操作数据表、记录等内容。

第 10 章主要介绍 PHP 中 Cookie 和 Session 的基本概念及应用方法等内容。

第 11 章主要介绍 PHP 中图形图像的处理方法等内容。

第 12 章主要介绍 PHP 中文件和目录的操作方法等内容。

第 13 章主要介绍 PHP 中面向对象的基本概念和类的相关应用等内容。

第 14 章主要介绍利用 PDO 数据库抽象层连接 MySQL 数据库，操作 MySQL 数据表、记录等内容。

本书内容丰富、结构合理、思路清晰、语言简练流畅，书中所有实例都已在 XAMPP 系统下调试并运行通过。为了能让读者更好地掌握 PHP 和 MySQL，大部分章节都包含一个综合实训案例。读者依据本书循序渐进地学习，可以巩固基本知识，培养实践能力，增强对基本概念的理解和解决实际问题的能力，能够高效地掌握 PHP 开发网站的技巧。

本书获内蒙古科技大学教材建设项目资助，主要由内蒙古科技大学计算机教学基地的教师编写，由黄迎久(内蒙古科技大学计算机教学基地)和石炜(内蒙古科技大学机械工程学院)任主编，内蒙古科技大学计算机教学基地的赵军富、徐扬、张利新、王猛任副主编。本书写作分工：第 1 章、第 9 章和第 12 章由徐扬编写，第 2 章和第 6 章由张利新编写，第 3 章和第 11 章由王猛编写，第 4 章、第 5 章和第 7 章由石炜编写，第 8 章和第 14 章由赵军富编写，第 10 章、第 13 章和前言由黄迎久编写；全书由黄迎久负责统稿。

由于作者水平有限，书中的疏漏和不妥在所难免，欢迎广大读者批评、指正。

编　者

目录

第 1 章

PHP 简介与开发工具

本章要点

- PHP 的语法特点
- PHP 的标记、注释
- PHP 开发工具的应用

学习目标

- 掌握 PHP 的基本语法知识
- 掌握 PHP 开发工具的应用

1.1 PHP 简介

1.1.1 PHP 概述

PHP 最初是 Personal Home Page 的缩写，后正式更名为“PHP:Hypertext Preprocessor”(超文本预处理器)。它是一种通用开源脚本语言，语法上吸收了 C、Java 和 Perl 语言的特点，有利于学习，应用广泛，主要适用于 Web 开发领域。PHP 是将程序嵌入 HTML(Hyper Text Markup Language，超文本标记语言)文档中去执行，用 PHP 写出的动态网页，执行效率极其高效。PHP 能够运行在 Windows、Linux、Mac OS X 等操作系统环境下，常与免费的 Web 服务器软件 Apache 和免费的数据库 MySQL 配合使用，号称“黄金组合”。

1. PHP 的发展过程

PHP 是由 Rasmus Lerdorf 于 1994 年开发的，最初是用来统计网站的访问者，后来加入了访问数据库的功能。1995 年正式发布了 PHP 1.0，同年在增加了循环语句、数组变量等新特性后发布了 PHP 2.0；1997 年推出 PHP 3.0，此时使用 PHP 的网站已超过 5 万个；2000 年 PHP 4.0(简称 PHP 4)问世，PHP 4 的内核已大幅优化更新，拥有更强的新功能和更丰富的函数库，PHP 程序的执行速度更加快速，此时 PHP 在 Web 开发领域掀起了颠覆性的革命。2004 年又推出了 PHP 5，标志着一个全新的 PHP 时代的到来。PHP 5 的最大特点是引入了面向对象的全部机制，并且保留了向下的兼容性，其功能更加完善，兼容性更强，稳定性上更胜一筹。2015 年 12 月，PHP 7.0 正式发布，据检测，PHP 7.0 的性能比 PHP 5 提高了 2 倍，其优异的特性和功能非常具有发展前景和吸引力(本书以 PHP 7.4 进行讲解)。

2. PHP 的特点

(1) 速度快。

PHP 是一种强大的 Web 开发脚本语言，执行网页的速度比 CGI、Perl 和 ASP 更快。

(2) 易掌握。

PHP 语言的风格类似于 C 语言，非常易于学习，只需要了解一些简单的 PHP 语法知识，就可以编写 PHP 程序。

(3) 功能强大。

- 支持目前流行的绝大多数数据库，例如 MySQL、Access、SQL Server、Oracle、

DB2 等。其中 PHP 与 MySQL 的组合堪称最佳搭档，可以跨平台运行。

- 可以与多种协议进行通信，包括 IMAP、POP3、SMTP、SOAP、DNS 等。
- 可以实现对 XML 文档进行有效管理和创建并调用 Web 服务等操作。
- 可以使用正则表达式解析复杂字符串。

(4) 面向对象编程。

PHP 提供了面向对象的编程方式，不仅提高了代码的重用率，而且为代码维护带来了极大的方便。

(5) 成本低。

PHP、MySQL 和 Apache(Apache 是支持 PHP 运行的服务器软件之一)都属于免费软件，在很多网站上都可以下载到最新版本的 PHP 和 MySQL。采用 Apache+PHP+MySQL 这种框架结构可以为网站经营者节省很大的开支。

1.1.2 PHP 脚本程序工作流程

运行 PHP 程序，必须借助 PHP 预处理器、Web 服务器和 Web 浏览器，必要时还要借助数据库服务器。其中，Web 服务器的功能是解析 HTTP，PHP 预处理器的功能是解释 PHP 代码，Web 浏览器的功能是显示 PHP 程序的执行结果，数据库服务器的功能是保存执行结果。

1. Web 浏览器

Web 浏览器(Web Browser)也称为网页浏览器，简称浏览器。浏览器是用户最常用的客户端程序，主要功能是显示 HTML 网页内容，并让用户与网页内容产生互动。常用的浏览器有 IE、Chrome、Firefox 等。

2. HTML

HTML 是网页的静态内容，这些静态内容是由一些标记产生的，Web 浏览器识别并解释执行这些 HTML 标记。在 PHP 程序开发过程中，HTML 主要负责页面的互动、布局和美化。

3. PHP 预处理器

PHP 预处理器(PHP Preprocessor)的功能是将 PHP 代码解释为文本信息，这些文本信息可以包含 HTML 代码。

4. Web 服务器

Web 服务器(Web Server)也称为 WWW(World Wide Web)服务器，其功能是解析 HTTP。当 Web 服务器接收到浏览器的一个 HTTP 动态请求时，Web 服务器会调用与请求对应的程序。程序经 PHP 预处理器解释执行后，Web 服务器向浏览器返回 HTTP 响应，该响应通常是一个 HTML 页面。浏览器接收到该 HTTP 响应后，将执行结果显示在浏览器上或进行其他处理。

常见的 Web 服务器有微软的 IIS(Internet Information Services)服务器、开源的 Apache 服务器等。由于 Apache 具有免费、速度快且性能稳定等特点，已成为目前最为流行的

Web 服务器之一。本书也采用 Apache 服务器部署 PHP 程序。

5. 数据库服务器

数据库服务器(Database Server)是一套为应用程序提供数据管理服务的软件，这些服务主要包括数据管理服务(例如，数据的添加、删除、修改、查询)、事务管理服务、索引服务、高速缓存服务、查询优化服务、安全及多用户存取控制服务等。

常见的数据库服务器有甲骨文公司的 Oracle 和 MySQL、微软公司的 SQL Server、IBM 公司的 DB2 等。由于 MySQL 具有体积小、速度快、免费等特点，很多中小型 Web 系统都首选 MySQL 作为数据库服务器。本书也选用 MySQL 来讲解有关 PHP 应用程序中数据库开发方面的知识。

6. PHP 程序的工作流程

PHP 程序的工作流程如图 1-1 所示，具体步骤如下。

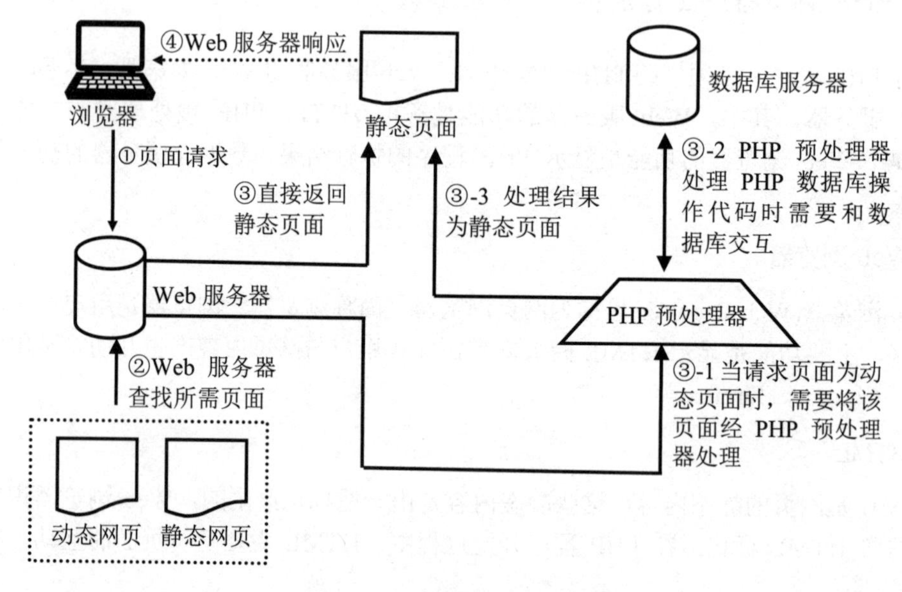

图 1-1 PHP 程序的工作流程

用户在浏览器中输入要访问的网址，按 Enter 键后触发该页面的请求，并将请求传送给 Web 服务器(步骤①)。

Web 服务器接收到请求后，根据页面文件名在 Web 服务中查找对应的文件名(步骤②)，并根据请求页面文件名的后缀(例如.html 或.php)，判断当前请求为静态页面请求还是动态页面请求。

当请求页面为静态页面时(例如页面文件名的后缀为.htm 或.html)，直接将 Web 服务器中的静态页面返回(步骤③)，并将该页面作为响应发送给浏览器(步骤④)。

当请求的页面为动态页面时(例如请求页面文件名后缀为.php)，Web 服务器委托 PHP 预处理器将该动态页面中的 PHP 代码解释为文本信息(步骤③-1)；如果动态页面中存在数据库操作代码，PHP 预处理器和数据库服务器完成信息交互(步骤③-2)后，再将动态页面解释为静态页面(步骤③-3)；最后 Web 服务器将该静态页面作为响应发送给浏览器(步骤④)。

1.2 开 发 工 具

在运行 PHP 程序前，需要安装、配置 Web 服务器以及数据库服务器。目前常用的 Web 服务器是开源的 Apache 服务器，数据库服务器是 MySQL 数据库。Apache、PHP 以及 MySQL 的安装软件都可以独立下载并安装。为了便于教与学，本书采用 Apache+PHP+MySQL 集成系统。目前较为流行的集成系统有 XAMPP、WAMP、PHPstudy 等。

1.2.1　XAMPP 集成系统的安装与启动

XAMPP 是一个功能强大的 Apache+PHP+MySQL 集成系统，它集成了 Apache、PHP、MySQL 和 Perl，可以在 Windows、Linux、Mac OS X 等操作系统下安装使用，支持英文、中文、日文、韩文等多种语言。

1. XAMPP 的下载

XAMPP 官方下载网址是 https://www.apachefriends.org。登录官方网站后，单击下载链接即可下载，如图 1-2 所示。

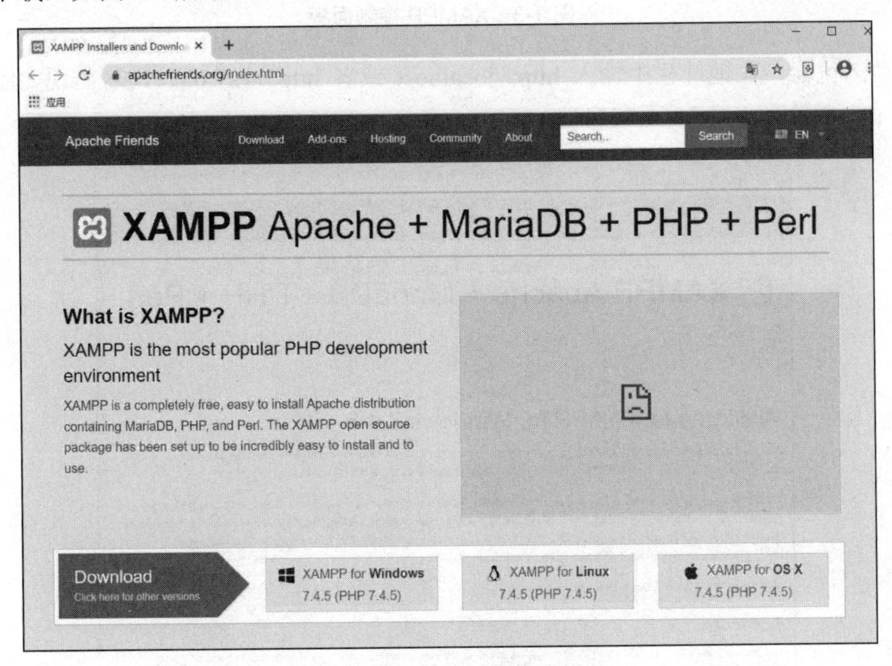

图 1-2　XAMPP 官网下载页面

2. XAMPP 的安装

下载 XAMPP 安装软件包后，双击安装文件即可进入安装进程，过程中只需确定安装 XAMPP 的路径，然后依次单击“下一步”按钮即可完成安装。

3. XAMPP 的启动

在 Windows 操作系统的“所有程序”中，单击项目 XAMPP 中的 XAMPP Control Panel 或者将其快捷图标放置于桌面上，然后双击该快捷图标即可启动 XAMPP。分别单击 Apache 和 MySQL 右侧对应的 Start 按钮，就可以启动 Apache 和 MySQL 数据库，如图 1-3 所示。

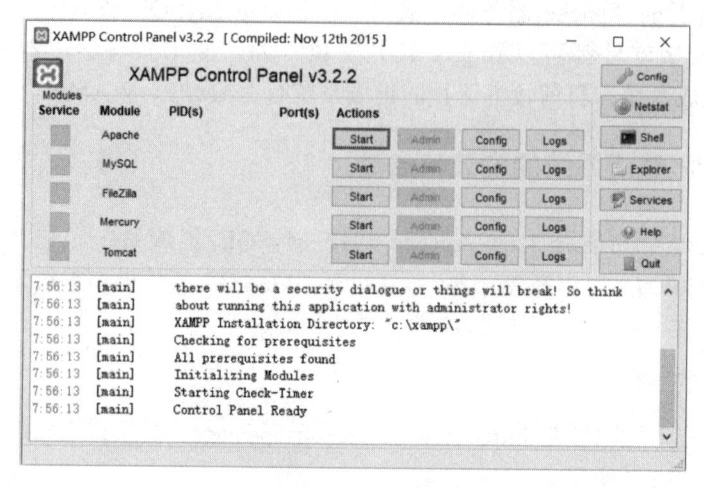

图 1-3　XAMPP 控制面板

启动浏览器，在地址栏中输入 http://localhost 或者 http://127.0.0.1，若出现如图 1-4 所示的页面，则说明 Apache 正常启动。

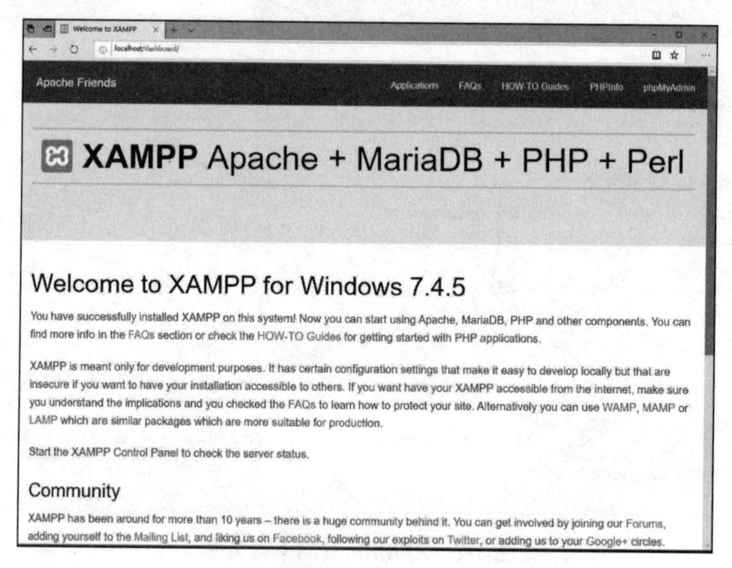

图 1-4　测试 Apache 服务器是否正常启动

提示： XAMPP 的 Web 路径位于 XAMPP 安装路径下的 htdocs 文件夹下，将 PHP 程序文件存放在该文件夹下就可以在浏览器上调用了。

1.2.2　PHP 程序开发工具

1. Dreamweaver

Dreamweaver 是 Macromedia 公司开发的 Web 站点和应用程序的专业开发工具，它将可视布局工具、应用程序开发和代码编辑功能组合在一起，可以开发静态网页、PHP 网页、JSP 网页和 ASP.NET 网页，是目前最流行的网页开发工具之一。

2. Zend Studio

Zend Studio 是常用的开发 PHP 程序的集成开发环境，具备功能强大的专业编辑工具和调试工具，支持 PHP 语法加亮显示，支持语法自动填充功能，支持书签功能，支持语法自动缩排和代码复制功能，支持本地和远程两种调试模式，支持多种高级调试功能。Zend Studio 可以在 Linux、Windows 以及 Mac OS X 系统上运行。

3. SharePoint Designer/ FrontPage

SharePoint Designer 是微软推出的新一代网站开发工具，它提供了与时俱进的功能，能让企业用户很方便地给网站添加丰富的多媒体和互动性体验。FrontPage 是微软公司出品的一款网页制作入门级软件。FrontPage 的使用方便简单，会用 Word 就能利用 FrontPage 制作网页，因此相对于 Dreamweaver，FrontPage 更容易上手，具有所见即所得的特点，该软件结合了设计、程式码和预览三种模式，也非常便于编写 PHP 程序。

PHP 程序的编辑软件还有很多，各具特色，例如，写字板、记事本、Notepad++等，学习者只需掌握其中一种就可以编写 PHP 程序。

1.3　PHP 语法基础

PHP 是一种在服务器端执行的内嵌式的脚本语言，PHP 代码可以嵌入 HTML 代码中，HTML 代码也可以嵌入 PHP 代码中。

1.3.1　PHP 标记符

在 PHP 程序中，所有的 PHP 代码必须位于开始标记和结束标记之间，这是书写 PHP 代码必须遵循的基本规则。两个标记之外的所有文本都会被解释为普通的 HTML 内容。PHP 预处理器只针对 PHP 代码进行分析、处理。

```
<?php
    echo "Hello PHP!";
?>
```

以“<?php”开始，以“?>”结束，中间包含的代码就是 PHP 语言代码。

1.3.2　PHP 注释

注释可以理解为代码的解释和说明，是程序中不可缺少的重要部分。PHP 注释必须位于 PHP 的开始标记与结束标记之间，PHP 预处理器不会处理 PHP 注释内容。PHP 支持以下三种注释风格。

1. C++风格的单行注释(//)

```
<?php
    //echo "PHP 程序";          //单行注释
?>
```

C++风格的单行注释以“//”开始，到该行结束的内容都是注释。

2. C 风格的多行注释(/*…*/)

```
<?php
  /*
    echo "第一行注释";
    echo "第二行注释";
  */
    echo "这是多行注释";
?>
```

C 风格的多行注释以“/*”开始，以“*/”结束，多行注释不允许嵌套。

3. Shell 风格的单行注释(#)

```
<?php
    echo "这是 shell 风格的注释";  #shell 风格注释
?>
```

Shell 风格的单行注释以“#”开始，到该行结束的内容都是注释。

1.3.3　PHP 语句与语句块

1. PHP 语句

PHP 程序由 PHP 语句组成，每条 PHP 语句均以分号“;”结束，只有 PHP 结束标记之前的 PHP 语句可以省略分号。

书写 PHP 代码时，一般情况下，一条语句占一行，也允许在一行上书写多条 PHP 语句。

2. PHP 语句块

若多条 PHP 语句之间密不可分，可以使用“{”和“}”将这些语句包含起来构成语句块。例如：

```
<?php
   …
   if($a>2){
       $a=$b-2;
       echo $a,$b;
   }
```

```
    …
?>
```

语句块常应用于条件控制语句(if…else)、循环语句(for、while)和函数中。

1.3.4　PHP 输出指令

1. echo 语句

echo 语句是 PHP 中最常用的语句，其功能是将一个或多个表达式的值输出到页面。语法格式如下：

```
echo "string arg1,…,string [argn]…"
```

echo 语句会将 arg1、arg2、…、argn 等参数的值输出到网页上。例如，在网页上输出字符串“Hello PHP”，代码如下：

```
<?php
    echo "Hello PHP";
?>
```

echo 语句可以一次输出多个值，各个值之间要以逗号分隔。例如：

```
<?php
    echo "Result is:",1+2+3+4+5;
?>
```

浏览器上显示的结果为：

```
Result is:15
```

2. print()语句

print()语句的功能是将字符串输出到浏览器或打印机等输出设备。语法格式如下：

```
int print( string arg)
```

该语句执行成功返回 1，失败返回 0。

print()语句一次只能输出一个字符串。例如，在浏览器上输出“Hello！PHP”，代码如下：

```
<?php
    print("Hello! PHP");
?>
```

3. printf()语句

printf()语句以格式化的方式输出字符串，其语法格式如下：

```
int printf(string format[,mixed args[,mixed…]])
```

printf()语句按照参数 format 指定的内容格式对字符串进行格式化，参数 format 的转换格式是以“%”开始到转换字符为止。参数 format 的格式转换类型如表 1-1 所示。

表 1-1　参数 format 的格式转换类型

参　数	说　明
b	十进制整数转换为二进制
c	十进制整数转换为对应的字符
d	十进制整数形式
f	将数字转换为浮点数格式
o	十进制整数转换为八进制
s	整数转换为字符串
x	十进制整数转换为小写十六进制
X	十进制整数转换为大写十六进制

下面应用 printf()语句将整数转换为不同的类型，并以格式化的方式输出字符串。

```
<?php
    printf("%c",120);                //将整数转换为字符
    printf("%0.2f",125);             //将整数转换为包含两位小数的浮点数
    printf("%s",234);                //将整数转换为字符串
    printf("%X",456);                //将整数转换为大写十六进制
?>
```

浏览器上显示的结果为：

```
x125.002341C8
```

1.3.5　PHP 编码规范

养成良好的编程习惯，能够提高代码的质量和编写的效率，否则可能会造成代码缺陷，使得程序难以维护，甚至在维护时又可能引入新的缺陷。因此书写 PHP 代码时需要遵循一些基本的编码规范。

1. 书写规范

(1)　缩进。

使用 Tab 键(制表符)缩进，缩进单位为 4 个空格。

(2)　大括号({ })。

大括号经常与选择语句(if…else)、循环语句(for、while)配合使用，构成语句块。

(3)　关键字、小括号、函数、运算符。

- 小括号与关键字尽量用空格隔开。例如：

```
if ($a>2){
    …
}
```

- 小括号与函数名不要隔开，以便区分开关键字和函数。例如：

```
empty($string)
```

- 使用 return 返回语句时，不要使用小括号。例如：

```
return 1;
```

2. 命名规范

使用良好的命名也是重要的编程习惯，良好的名称可以使程序代码更容易阅读、理解和维护。命名遵循的基本原则是：以英文单词为基准，尽量不要使用拼音或拼音和英文混杂的命名方式。命名要尽量简短，含义一目了然。

(1) 类。

- 类名的单词首字母使用大写形式，其他字母尽量使用小写形式。
- 尽量不要使用下画线“_”。

例如：ObjectName、MyDatabase。

(2) 常量。

常量名的所有字母均要大写，单词间以下画线“_”分隔。例如：

NULL、TRUE、MY_NAME 等。

(3) 变量。

- 所有字母都建议使用小写形式。
- 使用下画线“_”作为每个单词的分隔符。
- 同一个软件系统，变量的命名规则必须统一。

1.4　综合实训案例

本节主要介绍创建一个简单的 PHP 程序的具体步骤，该程序运行后会在浏览器上输出以下内容：

```
**********************
*       你好！PHP      *
**********************
```

具体步骤如下。

1. 启动 Apache

启动 XAMPP 控制面板，单击 Apache 右侧对应的 Start 按钮，如图 1-5 所示。

2. 编辑 PHP 代码

打开 PHP 程序编辑器(如写字板、记事本或 Dreamweaver 等)，在新创建的文件中输入以下代码：

```
<?php
    header("Content-Type:text/html;charset=gb2312");
    echo "***************","<br>";
    echo "*   你好！PHP   *","<br>";
    echo "***************";
?>
```

图 1-5　启动 Apache

说明：

程序中的
是 HTML 标记符号，表示换行。

将文件以 ANSI 编码格式保存到 XAMPP 安装文件夹下的 htdocs 文件夹下，文件的扩展名为.php，如 example_1.php。

如果程序文件以 UTF-8 的编码格式储存，则 PHP 程序要写为：

```
<?php
    header("Content-Type:text/html;charset=utf8");
    echo "*************","<br>";
    echo "*  你好！PHP *","<br>";
    echo "*************";
?>
```

3. 运行 PHP 程序

启动浏览器(如 IE)，在地址栏中输入“http://localhost/example_1.php”或者“http://127.0.0.1/example_1.php”后按 Enter 键。在浏览器中会看到输出的字符串“你好！PHP”，程序运行效果如图 1-6 所示。

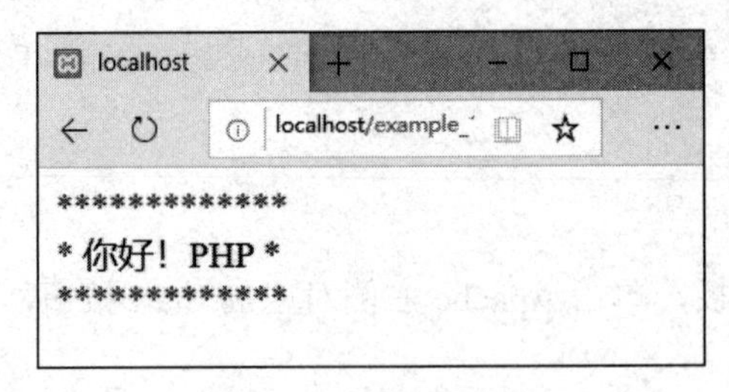

图 1-6　程序运行效果

提示： 有时在浏览器中看到的结果为乱码，主要是因为 PHP 程序使用的字符集与浏览器使用的字符集不匹配造成的。将 PHP 程序使用的字符集设置为 gb2312 或 utf8 即可。

有关 PHP 程序中字符集的设置方法将在后续章节中详细讲解。

本章小结

本章介绍了 PHP 的特点及发展过程，集成开发环境的安装与使用，以及 PHP 语法基础知识。读者应重点掌握 PHP 的语法结构、输出语句的应用。

习　　题

1. 下载并安装 XAMPP，启动 XAMPP 控制面板完成以下操作。

(1) 启动 Apache、MySQL，启动浏览器，测试 Apache 是否能正常启动。

(2) 关闭 Apache、MySQL。

2. 创建 PHP 程序，输出表达式 1+2-3+4-5 的计算结果。

3. 编写程序，在页面上输出以下内容。

```
    你好！
PHP 程序设计
```

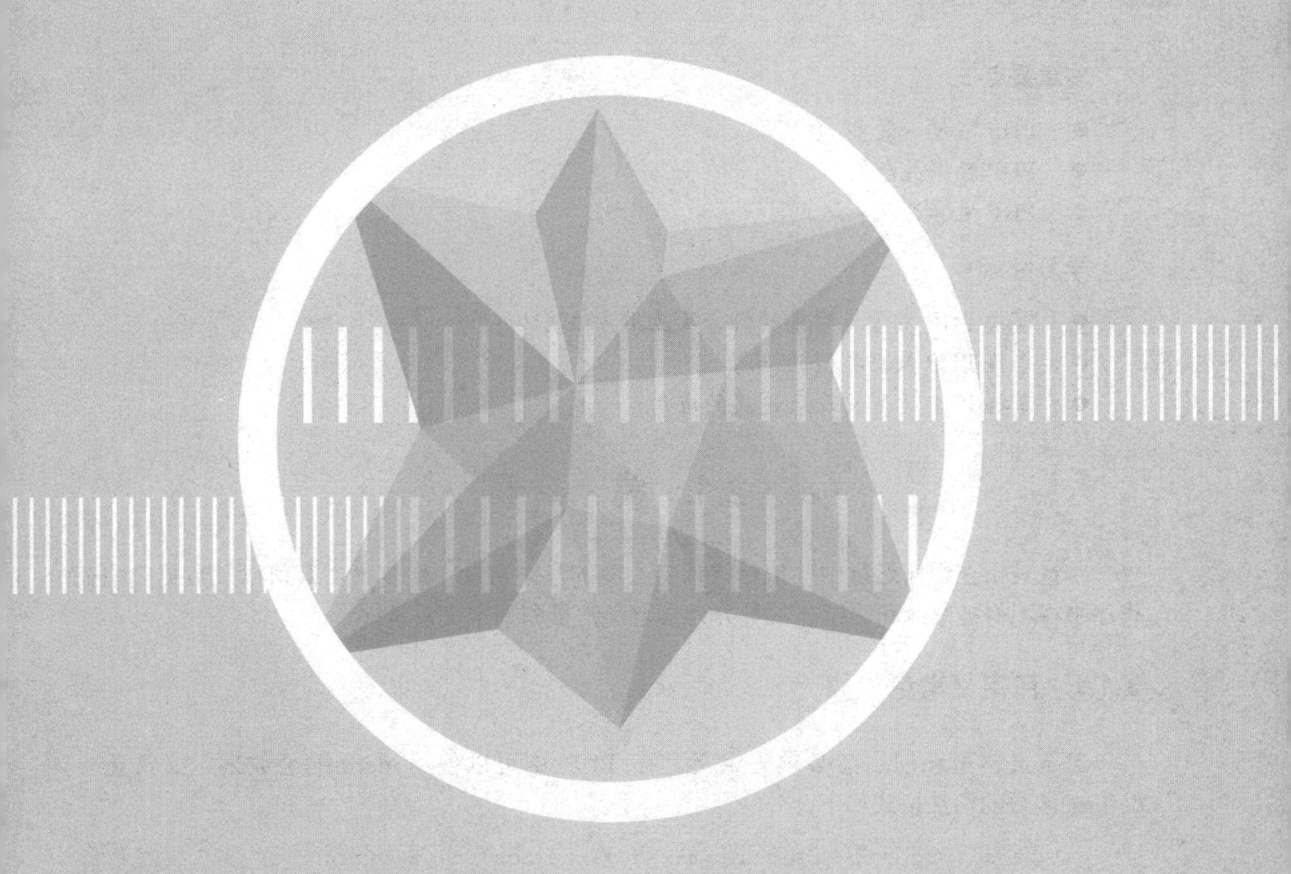

第2章

PHP 语言基础

本章要点

- PHP 常量、变量
- PHP 数据类型
- PHP 运算符及表达式

学习目标

- 掌握 PHP 常量与变量的概念及应用方法
- 掌握 PHP 数据类型的概念
- 掌握 PHP 运算符及表达式的应用

2.1 常　　量

常量是指在程序运行中其值始终保持不变的量。常量一经定义，其值以及数据类型在程序中将不得被修改和注销。常量分为自定义常量和预定义常量。

2.1.1 自定义常量

自定义常量在使用前必须先定义。在 PHP 中可以使用 define()函数来定义常量。define()函数的语法格式如下：

```
define(string constant_name,mixed value,bool case_sensitive)
```

define()函数的参数说明如表 2-1 所示。

表 2-1 define()函数的参数说明

参　数	说　明
constant_name	常量名称，为字符串类型的数据
value	常量的值，必须为布尔型(boolean)、字符串型(string)、整型(integer)和浮点型(float)等数据
case_sensitive	可选。规定大小写是否敏感，默认为 FALSE，表示大小写敏感

【实例 2-1】定义并输出自定义常量。

```
<?php
    define("MY_NAME","John");
    echo MY_NAME;
?>
```

结果为：

```
John
```

提示：
- 自定义常量必须使用 define()定义，常量名称前不需要加$符号。
- 自定义常量的名称由字母或下画线开头，其后可以是字母、数字和下画线的组合。

- 自定义常量的作用域是全局的，不存在范围的问题，可以在程序的任意位置定义和使用。

2.1.2　预定义常量

预定义常量是指 PHP 预先定义的常量，通过预定义常量可以获取 PHP 中的信息。常见的预定义常量及其作用如表 2-2 所示。

表 2-2　预定义常量及其作用

参　数	说　明
__FILE__	(FILE 前后各有两个下画线)当前正在处理的 PHP 程序文件名
__LINE__	(LINE 前后各有两个下画线)当前正在处理的文件的当前行数
PHP_VERSION	当前 PHP 预处理器的版本
PHP_OS	PHP 所在的操作系统的类型
TRUE	逻辑真
FALSE	逻辑假
NULL	空值或值不确定
E_ERROR	最近的错误处
E_WARNING	最近的警告处
E_PARSE	解析语法存在的潜在问题处
E_NOTICE	发生异常，但不一定是错误处

【实例 2-2】显示预定义常量信息。

```
<?php
    header("Content-Type:text/html;charset=gb2312");
    echo "当前文件：",__FILE__,"<br>";
    echo "当前行数：",__LINE__,"<br>";
    echo "当前 PHP 版本：",PHP_VERSION,"<br>";
    echo "当前操作系统：",PHP_OS;
?>
```

程序运行结果如图 2-1 所示。

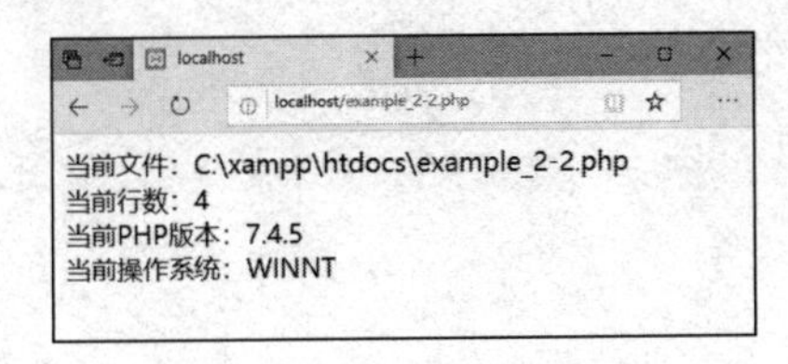

图 2-1　实例 2-2 的运行结果

2.1.3　检测常量是否已被定义

在 PHP 中可以使用 defined()函数来判断一个常量是否已经被定义，其语法格式如下：

```
bool defined(string constants_name)
```

若常量 constants_name 已被定义，则返回值为 TRUE，否则返回值为 FALSE。

2.2 变　　量

变量在程序中是用来存储数据的。变量通过变量名来实现对内存数据的读取。PHP 程序中的变量可以不事先定义而直接使用，PHP 在使用变量时会根据上下文由系统解释器来判断变量的类型。

2.2.1 变量的命名

变量的命名遵循以下规则。

- 变量名必须以$开头。
- 变量名的第一个字符必须是字母或下画线，其后可以是字母、数字和下画线的组合，如$user1_name。
- PHP 中的变量名区分大小写，如$a 和$A 是两个不同的变量名。

2.2.2 变量的赋值

变量赋值就是给变量赋予具体的数据。常用的变量赋值方式有以下三种。

1. 直接赋值

直接赋值就是使用“=”符号将值直接赋给变量。例如：

```
<?php
    $user="john";
    $height=200;
?>
```

2. 传值赋值

传值赋值就是使用“=”符号将一个变量的值赋给另一个变量。例如：

```
<?php
    $user="john";
    $student=$user;
?>
```

3. 引用赋值

引用赋值就是将源变量的内存地址赋给新的变量。引用赋值意味着两个变量都指向同一个数据，此时若改动新变量的值，则也将改变源变量的值，反之亦然。PHP 通过在源变量前加“&”符号实现引用赋值。引用赋值的语法格式如下：

```
$newvar_name=&$sourcevar_name;
```

例如：

```
<?php
    $a=10;
    $b=&$a;
    echo "b=", $b, " a=", $a,"<br>";
    $b=20;
    echo "b=", $b, " a=", $a,"<br>";
?>
```

程序运行结果如图 2-2 所示。

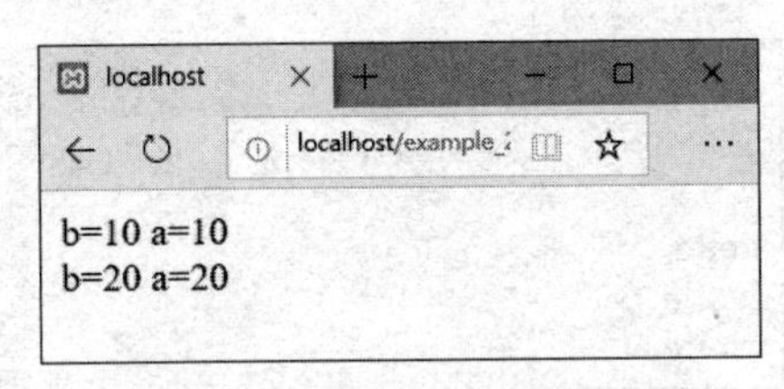

图 2-2　引用赋值的运行结果

提示： 执行到“$b=&$a;”时，变量$b 指向变量$a，此时变量 $b 和$a 共用一个值；执行到“$b=20;”时，变量$b 的值发生变化，导致变量 $a 的值也同时发生变化。

2.2.3　变量的作用域

变量的作用域是指变量的适用范围。变量必须在有效的范围内使用，如果超出了有效范围，变量就失去了意义。根据变量的作用域，可以将变量分为局部变量、全局变量和静态变量。变量的作用域如表 2-3 所示。

表 2-3　变量的作用域

作 用 域	说　明
局部变量	在函数内部定义的变量，其作用域就是所在的函数
全局变量	定义在所有函数之外的变量，其作用域是整个 PHP 文件，但在自定义函数内部不可以使用，若想在自定义函数内部使用全局变量，需使用 global 关键字声明
静态变量	在函数内部使用关键字 static 声明的变量。该变量在函数结束调用后仍保留上一次运行的值

关于变量作用域的具体内容将在第 4 章详细讲解。

2.2.4　可变变量

可变变量是一种特殊的变量，这种变量的名称是由另外一个变量的值来确定的。声明可变变量的语法格式如下：

```
$$可变变量的名称=可变变量的值;
```

【**实例 2-3**】可变变量示例。

```
<?php
    $a="hello";
    $$a="world";                    //声明可变变量，该变量的名称为变量$a 的值
    echo $a,"<br>";
    echo $$a,"<br>";                //等价于 echo $hello,"<br/>";
    echo $hello;
?>
```

程序运行结果如图 2-3 所示。

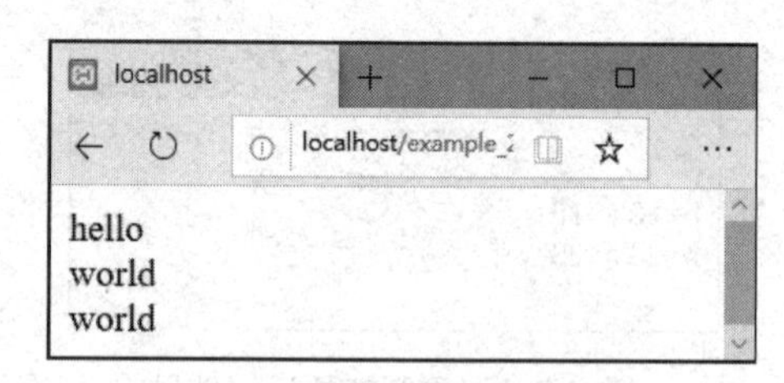

图 2-3　可变变量的运行结果

提示： 可变变量$$a 的名称就是变量$a 的值，因此，$$a 的名称就是$hello，它们的值都是 world。

2.3　PHP 数据类型

计算机操作的对象是数据，每一个数据都有其类型。PHP 的数据类型分为三种：标量数据类型、复合数据类型和特殊数据类型。

2.3.1　标量数据类型

标量数据类型是数据结构中最基本的单元，只能储存一个数据，包括布尔型(boolean)、字符串型(string)、整型(integer)和浮点型(float)。

1. 布尔型(boolean)

布尔类型的值只有两个：真(TRUE)和假(FALSE)。

2. 字符串型(string)

字符串是连续的字符序列，字符串的组成字符包含以下几种类型。

- 字母类型：A、B、a、b 等。
- 数字类型：1、2 等。
- 特殊字符：#、*、+、^等。
- 不可见字符：\n(换行符)、\r(回车符)、\t(Tab 字符)等。

不可见字符是用来控制字符串格式化输出的一种特殊字符。它在浏览器页面上不可见，只能看到其控制的字符串的输出结果。

【**实例 2-4**】通过不可见字符控制输出的字符串。

```
<pre>
<?php
    header("Content-Type:text/html;charset=gb2312");
    echo "你好\nPHP 程序设计\rJSP 程序设计";
?>
</pre>
```

程序运行结果如图 2-4 所示。

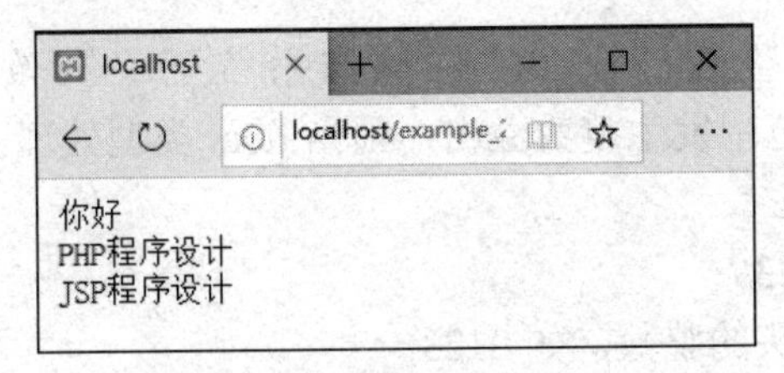

图 2-4　实例 2-4 的运行结果

字符串的界定符号如下。

- 单引号(')。
- 双引号(")。
- 界定符(<<<)。

提示： 单引号和双引号的区别是双引号中包含的变量会被自动替换成实际数值，而单引号包含的变量则按普通字符串输出。

当字符串中存在表 2-4 所示的特殊字符时，该特殊字符会被转义成对应的字符。

表 2-4　特殊字符序列

双引号内的特殊字符	转义后的字符
\"	双引号(")
\$	美元符号($)
\\	反斜杠(\)
\n	换行符
\r	回车符
\t	制表符

【**实例 2-5**】单引号、双引号界定字符串示例。

```
<?php
    header("Content-Type:text/html;charset=gb2312");
    $str="PHP 程序设计";
    echo '$str',"<br>";
    echo "$str\n";
?>
```

程序运行结果如图 2-5 所示。

图 2-5　实例 2-5 的运行结果

3. 整型(integer)

整型数据只能包含整数。在 32 位操作系统下，有效范围是-2 147 483 648～2 147 483 647。如果超出范围发生整数溢出，则当 float 类型处理，返回 float 类型。

整数的表示方式如下。

- 十进制：123、-23。
- 八进制：以 0 开头的整数，如 0123。
- 十六进制：以“0x”开头的整数，如 0x123。

4. 浮点型(float)

浮点数类型既可以用来存储整数，也可以用来存储小数。在 32 位操作系统下，其有效范围是 1.7E-308～1.7E+308。

浮点数的表示方式如下。

- 标准格式：3.14、-2.78。
- 科学记数法格式：312.43E5、3.6E-3。

2.3.2　复合数据类型

复合数据类型包括：数组(array)和对象(object)。

1. 数组

数组是一组数据的集合，可以包含多种数据：标量数据、数组、对象、资源以及 PHP 中支持的其他语法结构。

数组中的每个数据称为一个元素，每个元素都有一个唯一的编号，称为索引。索引只能由数字或字符串组成。元素的值可以是多种数据类型。定义数组的语法格式如下：

```
$array=("value1","value2",…);
```

或

```
$array[key]="value";
```

或

```
$array(key1=>value1,key2=>value2,…);
```

其中，参数 key 是数组元素的索引，value 是数组元素的值。

【实例 2-6】数组元素的定义及输出。

```
<?php
    header("Content-Type:text/html;charset=gb2312");
    $a[0]="PHP";                                //定义 a 数组的第一个元素
    $a[1]="C 语言";                              //定义 a 数组的第二个元素
    $a[2]="JAVA";                               //定义 a 数组的第三个元素
    $b=array(0=>"apple",1=>"orange",2=>"grape");   //定义 b 数组
    echo $a[0],"<br>";                          //输出 a 数组第一个元素的值
    echo $b[1],"<br>";                          //输出 b 数组第二个元素的值
?>
```

程序输出结果如图 2-6 所示。

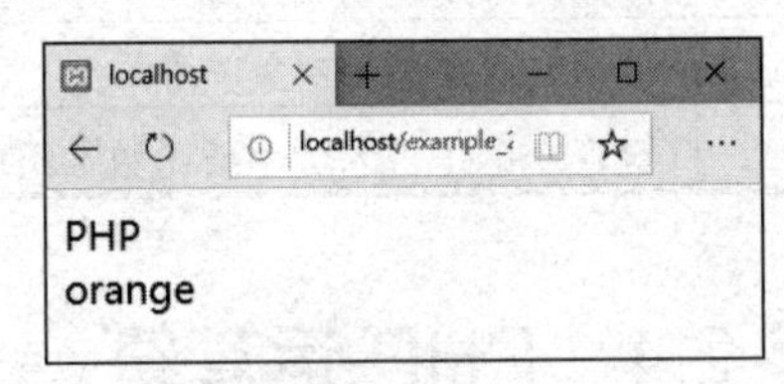

图 2-6　实例 2-6 的运行结果

数组声明后，数组中的元素个数可以自由更改。只要给数组赋值，数组就会自动增加长度。

2. 对象

在 PHP 中也可以使用面向对象的编程技术，具体内容将在第 13 章详细讲解。

2.3.3　特殊数据类型

特殊数据类型包括：资源(resource)和空值(null)。

1. 资源

资源是由专门的函数建立和使用的。它是一种特殊的数据类型，由程序员分配。在使用资源时，要及时释放不需要的资源。如果忘记释放资源，系统也会自动启动垃圾回收机制，避免内存消耗殆尽。

2. 空值

空值就是没有为变量赋予任何值。NULL 不区分大小写，变量被赋予空值有以下三种情况。

- 没有赋予任何值。
- 赋予 NULL。
- 被 unset()函数处理过的变量。

2.3.4　检测数据类型

利用 PHP 提供的检测数据类型的函数，可以对数据进行类型检测，以确定该数据属于哪种数据类型。检测数据类型的函数如表 2-5 所示。

表 2-5　检测数据类型的函数

函　数	检测类型
is_bool	检查变量是否为布尔类型
is_string	检查变量是否为字符串类型
is_float，is_double	检查变量是否为浮点类型
is_integer，is_int	检查变量是否为整数类型
is_null	检查变量是否为 null
is_array	检查变量是否为数组类型
is_object	检查变量是否为对象类型
is_numeric	检查变量是否为数字或由数字组成的字符串

2.4　PHP 运算符

运算符是用来对变量、常量或数据进行计算的符号。PHP 中的运算符包括算术运算符、字符串运算符、赋值运算符、递增/递减运算符、比较运算符、逻辑运算符、条件运算符、错误抑制运算符等。

2.4.1　算术运算符

算术运算符主要用于处理与算术运算相关的操作，常用的算术运算符如表 2-6 所示。

表 2-6　算术运算符

操 作 符	含　义
-	取负运算：-$a
+	加法运算：$a+$b
-	减法运算：$a-$b
*	乘法运算：$a*$b
/	除法运算：$a/$b
%	取余数运算：$a%$b

说明：使用%求余数时，余数的正负号取决于%左端数的正负号。

2.4.2　字符串运算符

字符串运算符主要用于处理与字符串相关的操作。字符串的运算符只有一个点“.”，该运算符用于将两个字符串连接成一个新字符串。例如：

```
<?php
    header("Content-Type:text/html;charset=gb2312");
    $a="PHP";
```

```
    $b="程序设计";
    echo $a.$b;              //输出字符串连接的结果
?>
```

程序运行结果为：

```
PHP 程序设计
```

2.4.3 赋值运算符

赋值运算符主要用于处理表达式的赋值操作。赋值运算符如表 2-7 所示。

表 2-7　赋值运算符

操 作 符	含　义	实　例
=	赋值运算：将右边的值赋给左边的变量	$a=3;
+=	加：将右边的值加到左边	$a+=$b; 等价于$a=$a+$b;
−=	减：将右边的值与左边相减	$a−=$b; 等价于$a=$a−$b;
*=	乘：将右边的值与左边相乘	$a*=$b; 等价于$a=$a*$b;
/=	除：将右边的值与左边相除	$a/=$b; 等价于$a=$a/$b;
.=	连接字符：将右边的字符连接到左边	$a.=$b; 等价于$a=$a+$b;
%=	取余数：将右边的值对左边取余数	$a%=$b; 等价于$a=$a%$b;

【实例 2-7】赋值运算示例。

```
<?php
    $a=5;
    $b=10;
    $a*=$b;                        //等价于$a=$a*$b;
    echo $a;
?>
```

程序运行结果为：

```
50
```

2.4.4 递增/递减运算符

递增/递减运算符就是让变量自行进行加 1/减 1 的操作。递增/递减运算符包括：++、--。递增/递减运算主要有两种运算操作。

- 前加、前减：++$a、--$a。即$a 的值先加/减 1，然后再返回$a 的值。
- 后加、后减：$a++、$a--。即先返回$a 的值，再将$a 的值加 1/减 1。

【实例 2-8】递增/递减运算示例。

```
<?php
    $a=10;
    $b=++$a;                        //先将$a 的值加 1，再将新的$a 值赋给$b
```

```
echo '$b=',$b,' $a=',$a,"<br>";
    $c=$a--;                              //先将$a 的值赋给$c，再将$a 的值减 1
    echo '$c=',$c,' $a=',$a;
?>
```

程序运行结果如图 2-7 所示。

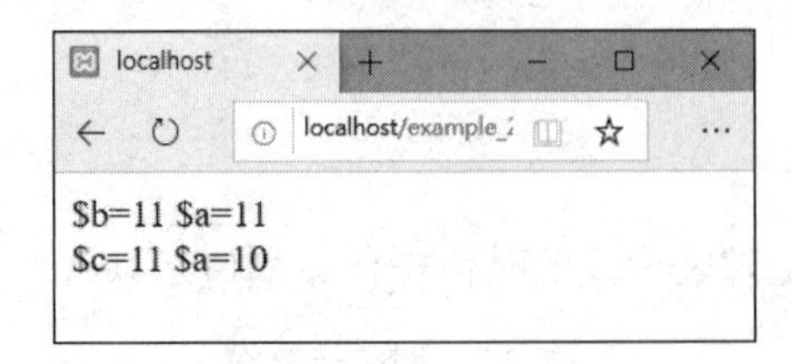

图 2-7　实例 2-8 运行结果

提示：

- 程序命令“$b=++$a;”等价于以下两条命令语句：

```
$a=$a+1;
$b=$a;
```

首先，$a 的值加 1 变为 11，而后将$a 的值赋给$b。

- 程序命令“$c=$a--;”等价于以下两条命令语句：

```
$c=$a;
$a=$a-1;
```

首先，将$a 的值 11 赋给$c，而后将$a 的值减 1 变为 10。

2.4.5　比较运算符

比较运算符就是对两个变量或表达式的值进行大小、真假等的比较。比较的结果为一个布尔类型值(TRUE 或 FALSE)。比较运算符如表 2-8 所示。

表 2-8　比较运算符

操 作 符	含 义	说 明
==	等于	$a==$b; 如果$a 与$b 的值相等，结果为 TRUE，否则为 FALSE
===	全等	$a===$b; 如果$a 与$b 的值相等，并且数据类型也相同，结果为 TRUE; 否则为 FALSE
!=, <>	不等	$a!=$b; 如果$a 与$b 的值不相等，结果为 TRUE; 否则为 FALSE
!==	非全等	$a!==$b; 如果$a 与$b 的值不相等，或者数据类型不同，结果为 TRUE; 否则为 FALSE
<	小于	$a<$b; 如果$a 的值小于$b 的值，结果为 TRUE; 否则为 FALSE
>	大于	$a>$b; 如果$a 的值大于$b 的值，结果为 TRUE; 否则为 FALSE
<=	小于等于	$a<=$b; 如果$a 的值小于等于$b 的值，结果为 TRUE; 否则为 FALSE
>=	大于等于	$a>=$b; 如果$a 的值大于等于$b 的值，结果为 TRUE; 否则为 FALSE

2.4.6　逻辑运算符

逻辑运算符对布尔类型数据进行相关的操作，其结果为布尔类型结果。逻辑运算符如表 2-9 所示。

表 2-9　逻辑运算符

操 作 符	含　义	说　明
&&，and	与	$a&&$b; 如果$a 与$b 的值都为 TRUE，结果为 TRUE；否则为 FALSE
||，or	或	$a\|\|$b; 如果$a 与$b 的值中至少有一个为 TRUE，结果为 TRUE；否则为 FALSE
!	非	!$a; 如果$a 的值为 TRUE，结果为 FALSE；否则为 FALSE
xor	异或	$a xor $b; 如果$a 与$b 的值中只有一个为 TRUE，结果为 TRUE；否则为 FALSE

2.4.7　条件运算符

条件运算符的语法格式如下：

```
表达式 1?表达式 2:表达式 3
```

条件表达式的运算过程为：如果表达式 1 的值为 TRUE，则这个条件表达式的值为表达式 2 的值；如果表达式 1 的值为 FALSE，则这个表达式的值为表达式 3 的值。条件运算符中包含 3 个操作对象，因而也称条件运算符为三元运算符。例如：

```
<?php
    $a=3;
    $b=4;
    $c=10;
    $d=15;
    echo $a>$b?$c:$d;
?>
```

程序运行结果为：

```
15
```

2.4.8　错误抑制运算符

在编写 PHP 程序时，如果不想让表达式产生的错误信息显示在页面上，可以将错误抑制符“@”放置在 PHP 表达式之前。这样既可以避免错误信息外漏，造成系统漏洞，又保证了页面的整齐和美观。例如：

```
<?php
    @print $a;                        //$a 未曾定义
?>
```

2.4.9 运算符的优先级

所谓运算符的优先级，是指运算符运算的先后次序。一个复杂的 PHP 表达式中往往包含多种运算符，表达式运算时，优先级高的运算符将先执行，优先级低的运算符后执行。PHP 中各类运算符的优先级如表 2-10 所示。

表 2-10 运算符的优先级

<table>
<tr><th>优先级别</th><th>运 算 符</th></tr>
<tr><td>1</td><td>and，xor，or</td></tr>
<tr><td>2</td><td>=，+=，−=，*=，/=，%=，.=</td></tr>
<tr><td>3</td><td>&&，||</td></tr>
<tr><td>4</td><td>|，^</td></tr>
<tr><td>5</td><td>&，.</td></tr>
<tr><td>6</td><td>+，−</td></tr>
<tr><td>7</td><td>/，*，%</td></tr>
<tr><td>8</td><td><<，>></td></tr>
<tr><td>9</td><td>++，−−</td></tr>
<tr><td>10</td><td>+，−(取负)，！，~</td></tr>
<tr><td>11</td><td>==，!= ，<></td></tr>
<tr><td>12</td><td><，<=，>，>=</td></tr>
<tr><td>13</td><td>?:</td></tr>
<tr><td>14</td><td>−></td></tr>
<tr><td>15</td><td>=></td></tr>
</table>

2.5 数据类型的转换

在编写 PHP 表达式的时候，经常会出现一个表达式中包含多种类型数据的情况，在计算这些数据之前，必须将它们转换为同一类型的数据。这就涉及 PHP 数据类型的转换机制。PHP 数据类型转换包括类型自动转换和类型强制转换两种。

2.5.1 类型自动转换

类型自动转换是指在定义变量或常量时，不需要知道变量或常量的数据类型，由 PHP 预处理器根据具体应用环境，将变量或常量转换为合适的数据类型。类型自动转换的规则如下。

(1) 布尔类型数据参与算术运算。

TRUE 将被转换为整数 1，FALSE 将被转换为整数 0。例如：

```
<?php
    $a=true;
    $b=false;
    echo 10+$a-$b;                    //相当于计算：10+1-0
?>
```

程序运行结果为：

```
11
```

(2) 浮点数与整数进行算术运算。

先将整数转换为浮点数，再进行算术运算。例如：

```
<?php
    $a=10;
    $b=3.14;
    echo $a*$b;
?>
```

程序运行结果为：

```
31.4
```

(3) 数字与字符串连接。

整数、浮点数都将被转换为字符串，布尔型 TRUE 被转换为字符串"1"，布尔型 FALSE 和 NULL 被转换为空字符串" "。例如：

```
<?php
    $a=10;
    $b=3.14;
    $c=TRUE;
    $d=FALSE;
    echo $a.$b.$c.$d;                    // 等价于："10"."3.14"."1".""
?>
```

程序运行结果为：

```
103.141
```

(4) 其他数据转换为布尔型值。

空字符串" "、字符串"0"、整数 0、浮点数 0.0、NULL 以及空数组都将被转换为布尔型 FALSE，其他的数据都将被转换为布尔型 TRUE。例如：

```
<?php
    $a=0 && true;
    $b=0.0 && true;
    $c=NULL && true;
    $d="0" && true;
    echo var_dump($a),"<br>";         //输出：bool(false)
    echo var_dump($b),"<br>";         //输出：bool(false)
    echo var_dump($c),"<br>";         //输出：bool(false)
    echo var_dump($d),"<br>";         //输出：bool(false)
?>
```

2.5.2 强制类型转换

强制类型转换是指程序员在程序中将变量的数据类型强制转换为指定的数据类型。强制类型转换常用以下三种方法。

1. 在变量前加上目标数据类型

PHP 中允许强制转换的数据类型如表 2-11 所示。

表 2-11 允许强制转换的数据类型

转换函数	转换类型
(boolean)，(bool)	转换为布尔型
(string)	转换为字符串类型
(integer)，(int)	转换为整型
(float)，(double)，(real)	转换为浮点型
(array)	转换为数组
(object)	转换为对象

【实例 2-9】强制类型转换示例。

```
<?php
    $a=3.14;
    $b=(int)$a;                                  //强制转换为整型数据
    $c=(float)$a;                                //强制转换为浮点型数据
    $d=(string)$a;                               //强制转换为字符串型数据
    echo var_dump($b),"<br>";
    echo var_dump($c),"<br>";
    echo var_dump($d),"<br>";
?>
```

程序运行结果如图 2-8 所示。

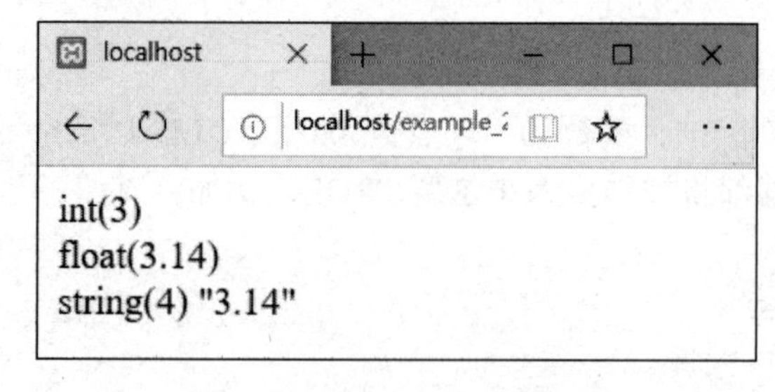

图 2-8 实例 2-9 的运行结果

2. 使用函数强制转换

PHP 中可以强制转换数据类型的函数如表 2-12 所示。

表 2-12　强制类型转换的函数

函 数 名	语法格式	功　能
intval	int intval(mixed var)	返回变量或常量 var 的整数值
floatval	float floatval(mixed var)	返回变量或常量 var 的浮点数值
strval	string strval(mixed var)	返回变量或常量 var 的字符串值

【实例 2-10】 强制类型转换函数示例。

```
<?php
    $a="3.16abc";
    $b=intval($a);
    $c=floatval($a);
    $d=strval($a);
    echo var_dump($b),"<br>";
    echo var_dump($c),"<br>";
    echo var_dump($d),"<br>";
?>
```

程序运行结果如图 2-9 所示。

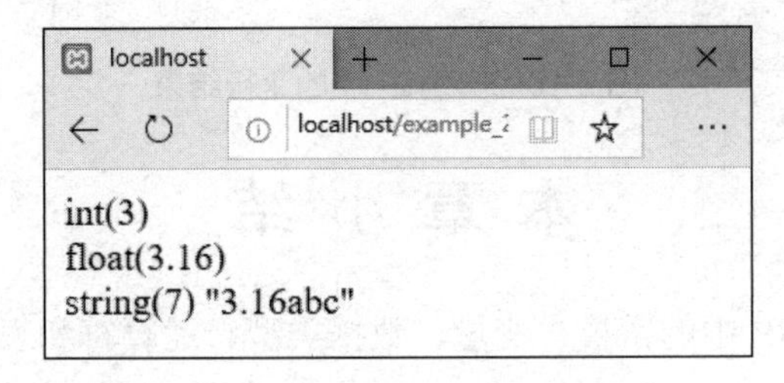

图 2-9　实例 2-10 的运行结果

3. 使用 settype()函数强制转换数据类型

函数 settype()的语法格式如下：

```
bool settype(mixed var,string type)
```

函数参数说明如表 2-13 所示。

表 2-13　函数 settype()的参数说明

参　数	说　明
var	变量的名称
type	将变量 var 转换为指定的数据类型，包括 bool、int、float、string、array、object、NULL

函数功能：设置变量 var 的数据类型为 type 数据类型。若函数执行成功，返回 TRUE，否则返回 FALSE。

【实例 2-11】 使用函数 settype()强制转换数据类型。

```
<?php
    $a="3.16abc";
```

```
    settype($a, "bool");                    //将$a 转换为布尔型
    echo var_dump($a) ,"<br>";
    settype($a, "int");                     //将$a 转换为整型
    echo var_dump($a) ,"<br>";
    settype($a, "string");                  //将$a 转换为字符串型
    echo var_dump($a) ,"<br>";
    settype($a, "array");                   //将$a 转换为数组类型
    echo var_dump($a) ,"<br>";
    settype($a, "NULL");                    //将$a 转换为 NULL
    echo var_dump($a) ,"<br>";
?>
```

程序运行结果如图 2-10 所示。

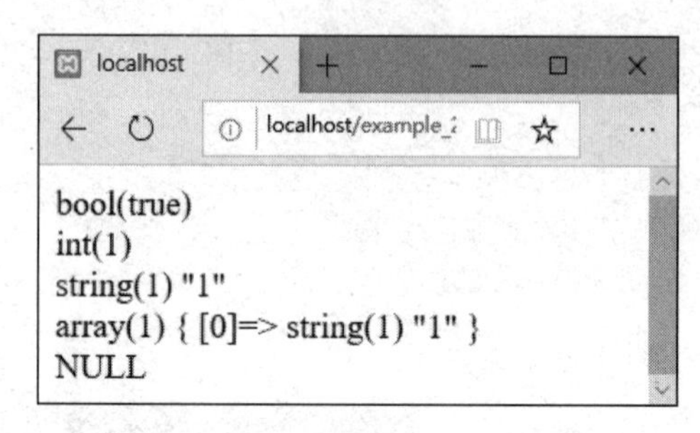

图 2-10　实例 2-11 的运行结果

本 章 小 结

本章详细介绍了 PHP 中的常量、变量、数据类型、运算符和表达式，以及数据类型转换的方法和应用。

PHP 中的常量分为自定义常量和预定义常量，自定义常量必须使用 define()函数来定义。

PHP 中的数据类型分为标量数据类型、复合数据类型和特殊数据类型。

- 标量数据类型：布尔型(boolean)、字符串型(string)、整型(integer)和浮点型(float)。
- 复合数据类型：数组(arrry)和对象(object)。
- 特殊数据类型：资源(resource)和空值(null)。

PHP 中的运算符包括算术运算符、字符串运算符、赋值运算符、递增或递减运算符、比较运算符、逻辑运算符、条件运算符、错误抑制运算符等。

PHP 中的数据类型转换包括类型自动转换和强制类型转换。

- 类型自动转换是指 PHP 根据程序的需要，自行将变量或常量的值转换为合适的数据类型。
- 强制类型转换是指用户强行将变量或常量的值转换为指定的数据类型。

习　　题

1. 分析下面程序中变量的数据类型及程序的运行结果。

```
<?php
    $a="123.45bac";
    $b=10;
    $c=true;
    echo $a-$b+$c;
?>
```

2. 已知圆的半径为 20，计算并输出圆的面积。
3. 梯形的上边、下边、高分别为 10、20 和 6，计算并输出梯形的面积。

第 3 章

PHP 流程控制语句

本章要点

- 选择结构
- 循环结构
- 包含语句

学习目标

- 熟练掌握选择结构、循环结构及包含语句

3.1 选择结构

选择结构又称为分支结构，就是根据条件进行逻辑判断，以决定当前程序的走向，从而得到不同的结果。

3.1.1 if 语句

if 语句的语法格式如下：

```
if(条件表达式){
    语句块
}
```

说明：当“语句块”只有一条语句时，可以省略“{}”。

功能：当“条件表达式”的值为 TRUE 时，执行语句块，否则执行 if 语句后面的语句。

if 语句的执行流程图如图 3-1 所示。

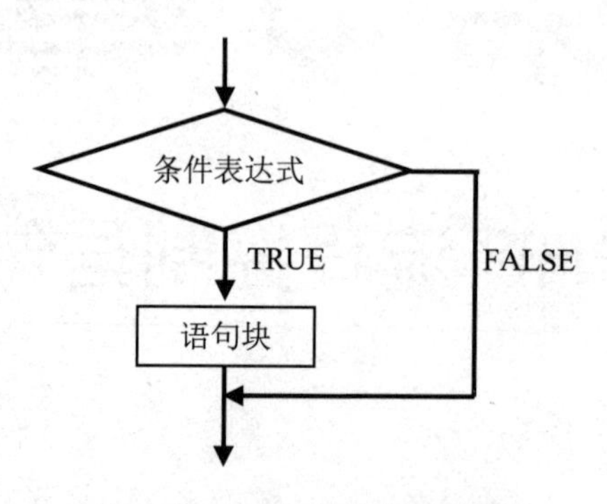

图 3-1　if 语句的执行流程图

【实例 3-1】 if 语句示例。

```
<?php
    header("Content-Type:text/html;charset=gb2312");
    $a=9;
    $b=8;
    if($a>$b){
        echo "a 大于 b";
```

```
    }
?>
```

该段程序的功能为判断变量 a 的值是否大于变量 b 的值，如果成立，则输出“a 大于 b”。

3.1.2　if…else 语句

if…else 语句是一种二分支选择语句。else 的功能就是当条件表达式的值为 FALSE 时执行其后面的语句。if…else 语句的语法格式如下：

```
if(条件表达式){
    语句块 1
}else{
    语句块 2
}
```

说明：当“语句块 1”或“语句块 2”为单条语句时，可省略“{}”。

功能：当“条件表达式”的值为 TRUE 时，执行“语句块 1”，否则将执行“语句块 2”。

if…else 语句的执行流程图如图 3-2 所示。

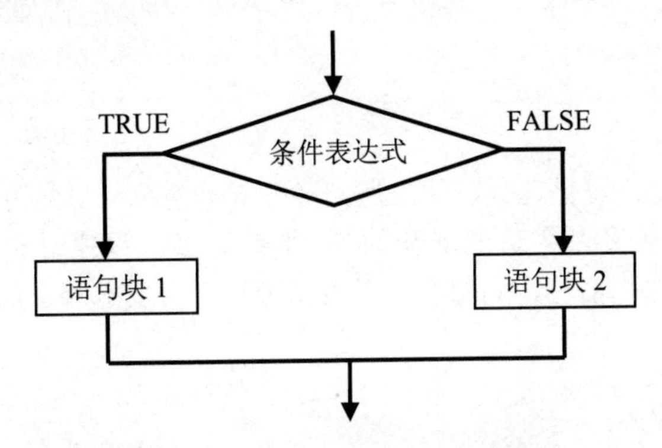

图 3-2　if…else 语句的执行流程图

【**实例 3-2**】if…else 语句示例。

```
<?php
    header("Content-Type:text/html;charset=gb2312");
    $a=9;
    if($a%2==0){
        echo "a 是偶数";
    }else{
        echo "a 是奇数";
    }
?>
```

该段程序的功能就是判断变量 a 的值的奇偶性。若变量 a 的值能够被 2 整除，则为偶数，否则为奇数。

在同时判断多个条件的时候，PHP 还提供了 elseif 语句来扩充需求。elseif 语句被放置在 if 和 else 之间，以满足多条件同时判断的需求。

【实例 3-3】根据输入的百分制成绩，输出对应的等级制。

```
<?php
    header("Content-Type:text/html;charset=gb2312");
    $score=80;
    if($score>=90 && $score<=100){
        echo "优秀!";
    }elseif($score>=80){
        echo "良好! ";
    }elseif($score>=70){
        echo "中等!";
    }elseif($score>=60){
        echo "及格!";
    }elseif($score>=0){
        echo "不及格!";
}
?>
```

程序运行结果为：

```
良好!
```

3.1.3 switch 语句

if 语句只有两个分支可供选择，如果遇到多分支的情况，虽然可以使用嵌套的 if 语句来处理，但如果分支较多，会造成嵌套的 if 层数过多，程序过于冗长而且难以修改。switch 语句是多分支选择语句，利用它可以直接处理多分支选择。switch 语句的语法格式如下：

```
switch(表达式){
    case 值1:
      语句块1
      break;
    case 值2:
      语句块2
      break;
    …
    default:
      语句块n
}
```

功能：执行 switch 语句时，先计算“表达式”的值，然后顺序测试该值与哪一个 case 子句中的“值”相匹配。一旦找到，则执行该 case 分支的语句块，直到遇到 break 语句才跳出当前的 switch 语句；如果没有找到相匹配的值，则执行 default 分支的语句块(default 为可选部分)。

【实例 3-4】根据水果的英文单词，输出对应的中文水果名。

```
<?php
    header("Content-Type:text/html;charset=gb2312");
    $fruit="banana";
    switch($fruit){
        case "apple":
            echo "苹果";
            break;
        case "banana":
            echo "香蕉";
            break;
        case "orange":
            echo "橘子";
            break;
        case "pear":
            echo "梨子!";
            break;
        default:
            "其他水果! ";
}
?>
```

程序运行结果为：

```
香蕉
```

3.2　循环结构

所谓循环是指对某一个程序段重复执行若干次，被重复执行的程序部分称为循环体。在 PHP 中，共有三种循环结构语句：while 循环语句、do…while 循环语句和 for 循环语句。

3.2.1　while 循环语句

while 循环语句的语法格式如下：

```
while(条件表达式){
    语句块
}
```

功能：当“条件表达式”的值为 TRUE 时，程序将执行循环体内的“语句块”，直到“条件表达式”的值为 FALSE 时才跳出循环，执行 while 循环后面的语句。while 循环语句的执行流程图如图 3-3 所示。

说明：

- 如果条件表达式的值始终为 TRUE，则循环体内的“语句块”将一直被执行下去，这就构成了“死循环”。所以在循环体的语句块中，必须要有改变条件表达式值的语句，使循环能够正常结束。
- while 循环可以嵌套，但不允许出现交叉。

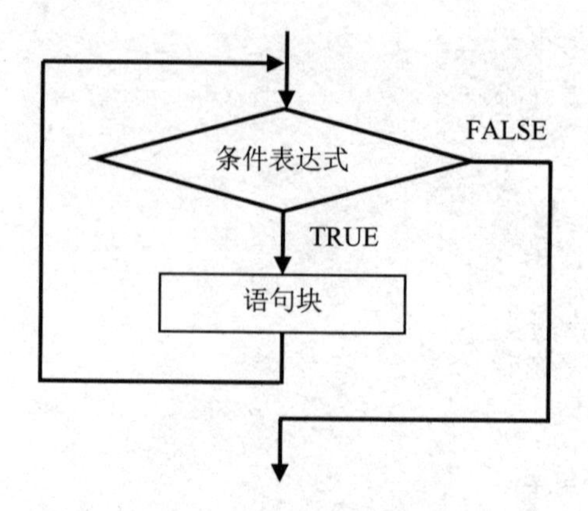

图 3-3　while 循环语句的执行流程图

【实例 3-5】小明今年 12 岁，他父亲比他大 30 岁，问经过多少年后，父亲的年龄是小明年龄的 2 倍？那时父子的年龄各为多少？

```
<?php
    header("Content-Type:text/html;charset=gb2312");
    $age=12;
    while($age*2<>$age+30){
        $age=$age+1;
    }
    echo "经过",($age-12),"年后，小明父亲的年龄是小明年龄的 2 倍！<br>";
    echo "小明的年龄为：",$age."<br>";
    echo "小明父亲的年龄为:",(30+$age);
?>
```

运行结果如图 3-4 所示。

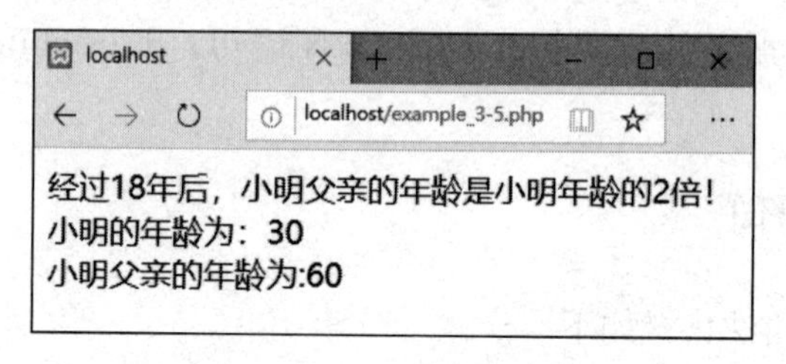

图 3-4　实例 3-5 运行结果

3.2.2　do…while 循环语句

do…while 循环语句的语法格式如下：

```
do{
    语句块
}while(条件表达式);
```

功能：程序先执行循环体中的“语句块”，然后再判断“条件表达式”的值，如果值为 TRUE，则继续执行循环体中的“语句块”，直到“条件表达式”的值为 FALSE 时才跳出循环，执行 do…while 之后的语句。do…while 循环语句的执行流程图如图 3-5 所示。

说明：do…while 循环和 while 循环非常相似，但 do…while 循环对条件的检测是在执行完循环体后才进行，故 do…while 循环语句中的“语句块”不管“条件表达式”成立与否，至少要被执行一次。

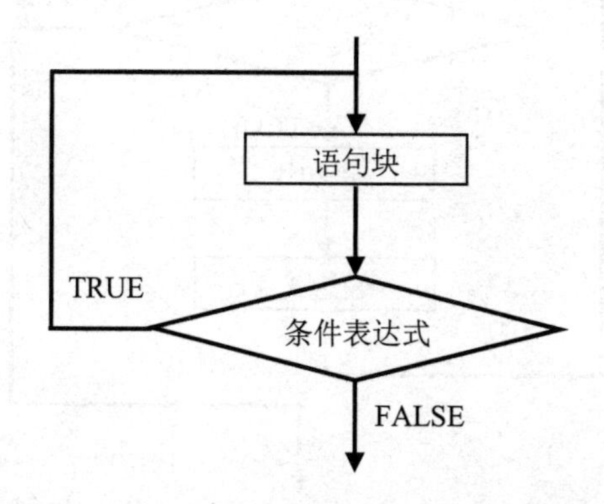

图 3-5　do…while 循环语句的执行流程图

【实例 3-6】用 do…while 循环结构实现实例 3-5。

```
<?php
    header("Content-Type:text/html;charset=gb2312");
    $age=12;
    do{
       $age=$age+1;
    }while($age*2<>$age+30);
    echo "经过",($age-12),"年后，小明父亲的年龄是小明年龄的 2 倍！<br>";
    echo "小明的年龄为：",$age."<br>";
    echo "小明父亲的年龄为:",(30+$age);
?>
```

3.2.3　for 循环语句

for 循环语句多用于循环次数已知的程序结构，语法格式如下：

```
for(表达式 1;表达式 2;表达式 3){
    语句块
}
```

说明：

- “表达式 1”用于为循环变量赋初值。也允许在 for 循环之外为循环变量赋初值，此时“表达式 1”可省略。
- “表达式 2”为循环条件，若其值为 TRUE，则执行循环体中的“语句块”；若其值为 FALSE，则跳出 for 循环。
- “表达式 3”用于改变循环变量的值。
- 3 个表达式都是任选项，都可以省略，但分号不能省略。

for 循环语句的执行流程图如图 3-6 所示。

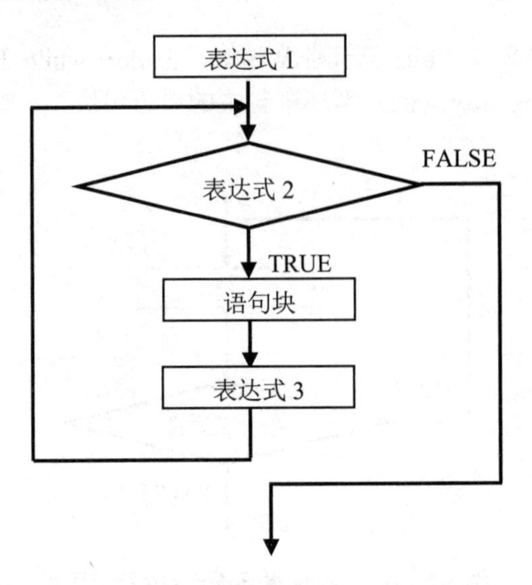

图 3-6　for 循环语句的执行流程图

【实例 3-7】利用 for 循环语句计算 1+2+3+…+100 的值。

```
<?php
    header("Content-Type:text/html;charset=gb2312");
    $sum=0;
    for($i=1;$i<=100;$i++){
        $sum=$sum+$i;
    }
    echo "1+2+3+…+100 的和：" , $sum;
?>
```

程序运行结果如图 3-7 所示。

图 3-7　实例 3-7 的运行结果

3.3 跳 转 语 句

在程序运行中，有时需要在结构中改变程序的执行语句，比如在 switch 语句中，使用 break 语句。为了更灵活地控制程序执行，PHP 提供了 continue 和 break 语句，用来实现程序的跳转执行。

3.3.1 continue 语句

continue 语句的作用就是跳过本次循环中剩余未执行的语句而执行下一次循环。

continue 语句通常与 if 语句结合使用，应用在 for、while 以及 do…while 循环等循环语句中。

【实例 3-8】 求 1～100 的偶数之和。

```
<?php
    header("Content-Type:text/html;charset=gb2312");
    $sum=0;
    for($i=1;$i<=100;$i++){
        if($i%2<>0){
            continue;
        }
        $sum=$sum+$i;
    }
    echo "1-100 的偶数之和为：",$sum;
?>
```

程序运行结果如图 3-8 所示。

图 3-8　实例 3-8 的运行结果

3.3.2　break 语句

break 语句在 switch 语句中使用时，可以使程序跳出当前的 switch 语句；当 break 语句用于 for、while 以及 do…while 循环语句中时，可以使程序终止于 break 所在层的循环，即跳出当前循环，转而执行当前循环之后的语句。

【实例 3-9】 判断一个整数是否为素数。

所谓素数即质数，就是只能被 1 和自身整除的整数。判断整数 n 是否为素数，只需判断 n 能否被从 2 到(int)sqrt(n)之间的整数整除即可。若 n 能被其中的一个整数整除，则 n 不是素数，否则 n 就是素数。

```
<?php
   header("Content-Type:text/html;charset=gb2312");
   $n=1321;
   $k=(int)sqrt($n);
   for($i=2;$i<=$k;$i++){
     if($n%$i==0) break;
   }
   if($i>$k){
       echo $n,"是素数!";
    }else{
       echo $n,"不是素数!";
```

```
    }
?>
```

程序运行结果如图 3-9 所示。

图 3-9　实例 3-9 运行结果

3.4　包含语句

PHP 中有 4 个包含文件的语句，即由函数 include()、include_once()、require()和 require_once()所构成的语句。

include 或 require 语句会获取指定文件中存在的所有文本、代码及标记，并复制到使用 include 或 require 语句的文件中。如果在网站的多个页面上引用相同的 PHP、HTML 或文本，使用包含文件可以避免重复编程，提高编程效率。这样可以为所有页面创建标准页眉、页脚或者菜单文件，当页眉、页脚或菜单文件需要更新时，只需要更新所包含的文件即可。

3.4.1　include()语句

include 语句的语法格式如下：

```
include(string resource)
```

说明：include()语句将一个资源文件载入当前 PHP 程序中，其效果和将该文件的内容复制到 include()出现的地方一样。若没有找到资源文件 resource，include()语句返回 FALSE；若找到资源文件 resource，且 resource 没有返回值，则 include()返回整数 1，否则返回资源文件 resource 的返回值。

【实例 3-10】include()语句应用示例。

创建 PHP 程序文件 footer.php，程序代码如下：

```
<?php
    header("Content-Type:text/html;charset=gb2312");
    echo "<p>Copyright 2014-" . date("Y") ."</p>";
?>
```

创建程序文件 include.php，在 include.php 程序中包含 footer.php 程序文件。程序代码如下：

```
<html>
<body>
```

```
<meta http-equiv="Content-Type" content="text/html; charset=gb2312" />
<h1>欢迎访问我们的首页！</h1>
<p>PHP 演示 1</p>
<p>PHP 演示 2</p>
<?php
    include("footer.php");
?>
</body>
</html>
```

程序运行结果如图 3-10 所示。

图 3-10 实例 3-10 的运行结果

3.4.2 require()语句

require()语句与 include()语句在语法格式及功能上基本相同。require()语句通常放在 PHP 程序的最前面，PHP 程序在执行前，会先读入 require()语句引入的文件，使它变成 PHP 程序的一部分。

require()语句与 include()语句的区别在于：对于 include()来说，在执行文件时每次都要进行读取和评估；而对于 require()来说，文件只处理一次(即文件内容替换 require()语句)。这就意味着如果执行多次代码，则使用 require()的效率比较高；如果每次执行代码时是读取不同的文件，则适合使用 include()语句。

【实例 3-11】 require()语句应用示例。

创建程序菜单文件 menu.php，程序代码如下：

```
<?php
    header("Content-Type:text/html;charset=gb2312");
    echo "<a href=index.php>首页</a> - <a href=html_cource.php>HTML 教程</a>
    -<a href=css_cource.php>CSS 教程</a> -<a href=js_cource.php>JavaScript
    教程</a> -<a href=php_cource.php>PHP 教程</a>";
?>
```

创建程序文件 require.php，在该程序中通过 require()语句包含 menu.php 程序文件。程序代码如下：

```
<html>
<body>
<?php
    require("menu.php");
?>
```

```
<h1>欢迎访问我的首页！</h1>
<p>PHP 演示-1</p>
<p>PHP 演示-2</p>
</body>
</html>
```

程序运行后，在浏览器的地址栏中输入“http://localhost/require.php”，则运行结果如图 3-11 所示。

图 3-11　实例 3-11 的运行结果

如果 require()语句引用的资源文件存在错误，那么程序就会中断执行，并显示致命错误；如果 include()语句引用的资源文件存在错误，则程序不会中断，而是继续执行，并显示一个警告错误。

【实例 3-12】分别运行程序文件 test-include.php 和 test-require.php。程序中的程序文件 test-nothing.php 不存在。

test-include.php 程序的代码如下：

```
<?php
    include("test-nothing.php");
    echo "abc";
?>
```

test-require.php 程序的代码如下：

```
<?php
    require("test-nothing.php");
    echo "abc";
?>
```

在浏览器的地址栏中输入“http://localhost/test-include.php”，运行结果如图 3-12 所示。

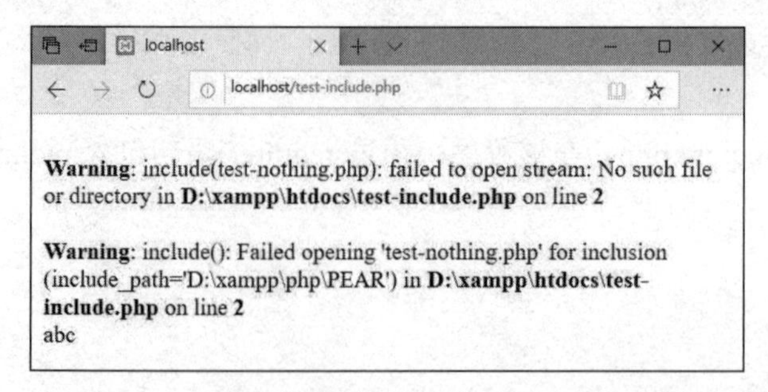

图 3-12　test-include.php 程序文件的运行结果

在浏览器的地址栏中输入“http://localhost/test- require.php”，运行结果如图 3-13 所示。

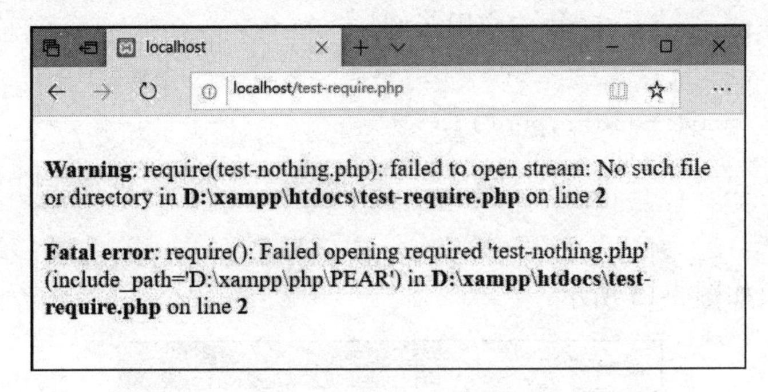

图 3-13　程序文件 test-require.php 的运行结果

3.4.3　include_once()语句

include_once()语句是对 include()语句的延伸，它的作用和 include()语句几乎一样。唯一的区别就是 include_once()语句会在导入文件前检测该文件是否在该页面的其他地方已被导入。如果已被导入，则不会重复导入该文件。

【**实例 3-13**】include_once()语句示例。

创建 header.php 程序文件，程序代码如下：

```
<?php
    header("Content-Type:text/html;charset=gb2312");
    echo"当前日期：", date("Y-m-d"),"<br>";
?>
```

创建程序文件 example_3-13.php，程序代码如下：

```
<?php
    include_once("header.php");
?>
```

程序运行结果如图 3-14 所示。

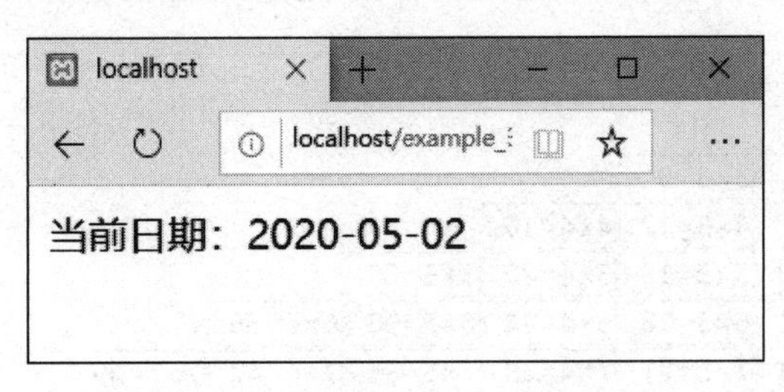

图 3-14　实例 3-13 的运行结果

3.4.4　require_once()语句

require_once()语句是对 require()语句的延伸，它的功能和 require()语句几乎一样。区别在于 require_once()语句会先检查要导入的文件是否已经在本程序的其他地方被导入，如果已被导入，则不会重复调用该文件。如果在同一程序中使用 require_once()语句两次调用同一文件，那么第一次调用时会有输出结果，第二次调用则不会有输出结果。

【实例 3-14】 require_once()语句应用示例。

```
<?php
    require_once("header.php");
    echo "Hello PHP!";
    require_once("header.php");
?>
```

程序运行结果如图 3-15 所示。

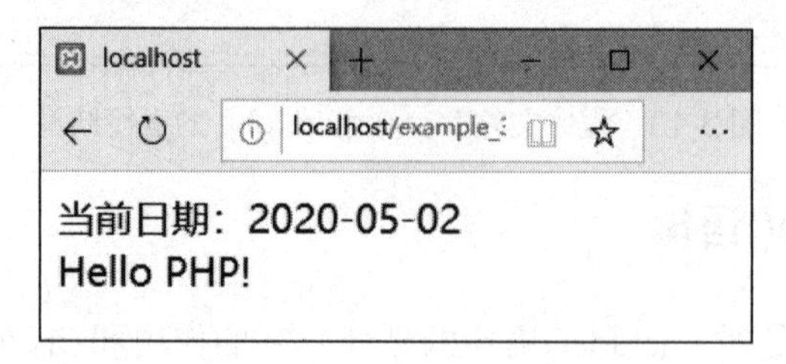

图 3-15　实例 3-14 的运行结果

3.5　综合实训案例

下面主要介绍利用循环结构语句制作九九乘法表的方法。

1. 分析

设置一个 HTML 表格 table，在表格的每一个单元格<td>中显示一个乘法表达式。

设置变量：$i 表示被乘数，取值范围为 1～9；$j 表示第 i 行中与$i 相乘的数，取值范围为$i～9。

九九乘法表如图 3-16 所示。

localhost/jj.php

九九乘法表

1×1=1								
2×1=2	2×2=4							
3×1=3	3×2=6	3×3=9						
4×1=4	4×2=8	4×3=12	4×4=16					
5×1=5	5×2=10	5×3=15	5×4=20	5×5=25				
6×1=6	6×2=12	6×3=18	6×4=24	6×5=30	6×6=36			
7×1=7	7×2=14	7×3=21	7×4=28	7×5=35	7×6=42	7×7=49		
8×1=8	8×2=16	8×3=24	8×4=32	8×5=40	8×6=48	8×7=56	8×8=64	
9×1=9	9×2=18	9×3=27	9×4=36	9×5=45	9×6=54	9×7=63	9×8=72	9×9=81

图 3-16　九九乘法表

2. 程序代码

编程实现创建 PHP 程序文件 jj.php，程序代码如下：

```
<?php
  header("Content-Type:text/html;charset=gb2312");
  echo "九九乘法表";
  echo "<table border=1>";                      //创建 HTML 表格
  for ($i=1;$i<=9;$i++)                         //从 1 乘到 9
   {
     echo "<tr>";                               //显示每一行
     for($j=1;$j<=$i;$j++)                      //计算第 i 行的乘法运算
      {
        echo "<td>";                            //显示表格中的单元格
        echo $i,"×",$j,"=",$i*$j,"  "; // 在单元格中显示结果
        echo "</td>";
      }
     echo "</tr>";                              //每一行输出结束时换行
   }
  echo "</table>";
?>
```

本章小结

本章详细介绍了选择结构、循环结构以及包含语句。选择结构包含 if、if…else 和 if…elseif…else 语句；循环结构包含 while、do…while 和 for 循环语句；包含语句包含 include()、require()、include_once()与 require_once()语句。

习　　题

1. 编程求 1 ~ 100 的奇数和。
2. 编程画出以下图形。

```
*
***
*****
*******
*********
```

3. 找出 100 ~ 1000 的所有素数。
4. 找出所有的水仙花数。水仙花数就是一个三位的整数，其个位、十位、百位的立方和等于其本身，比如 $153=1^3+5^3+3^3$。

第 4 章

自定义函数

本章要点

- 自定义函数的定义与调用
- 自定义函数参数的传递
- 变量的作用域及生存周期

学习目标

- 掌握 PHP 自定义函数的定义与调用
- 掌握 PHP 自定义函数的参数传递方法
- 掌握 PHP 局部变量、全局变量的应用方法

4.1 自定义函数概述

函数就是将一些重复使用的功能写在一个独立的代码块中，需要的时候就调用它，这样既可以简化编程、优化代码，又便于维护，并可以提高代码执行效率。

4.1.1 自定义函数的定义与调用

1. 自定义函数的定义

在 PHP 中自定义函数的语法格式如下：

```
function fun_name($arg_1,$arg_2,…,$arg_n){
    函数体
    return 返回值;
}
```

下面对自定义函数的语法格式进行说明。

- function：声明自定义函数时必须使用的关键字。
- fun_name：自定义函数名称。其命名遵循变量命名规则，但不能以“$”开头。
- $arg_1,…,$arg_n：函数的参数。多个参数之间以逗号隔开，参数的类型可以不指定。
- 函数体：函数被调用时执行的代码。
- return：返回函数的执行结果，并结束函数的运行。

2. 自定义函数的调用

调用自定义函数时，一定要先声明自定义函数，然后才可以调用。调用自定义函数的语法格式如下：

```
fun_name(value_1,value_2,…,value_n)
```

自定义函数的选项说明如下。

- fun_name：调用自定义函数的函数名，函数名大小写不敏感。
- value_1,…,value_n：传递给函数的参数值。参数的个数、顺序要与函数定义时的个数、顺序保持一致。

【**实例 4-1**】定义函数 fun()，其功能是计算阶乘。

```
<?php
  function fun($n){
    $s=1;
    for($i=1;$i<=$n;$i++)
      $s*=$i;
    return $s;
  }
  echo fun(5);
?>
```

结果为：

```
120
```

4.1.2　在函数间传递参数

在调用函数时，需要向函数传递参数，被传入的参数称为实际参数(简称实参)，而函数定义的参数称为形式参数(简称形参)。自定义函数的参数传递方式有三种：按值传递、按引用传递和可选参数。

1. 值传递方式

按值传递是将实参的值“复制”到对应的形参，在函数内部针对形参进行操作，对形参操作的结果不会影响实参原来的值，即函数返回后，实参的值不发生变化。

【**实例 4-2**】按值传递函数参数示例。

```
<?php
  header("Content-Type:text/html;charset=gb2312");
  function fun($number){                    //定义函数，按值传递参数的值
    $number=$number+10;
    echo $number;                           //函数内输出形参的值
  }
  $n=20;
  echo "传递前：",$n, "<br>";          //变量 n 传递前的值
  echo "函数中：",fun($n), "<br>";  //将$n 的值传递给形参 $number
  echo "传递后：",$n, "<br>";          //实参的值没有发生变化
?>
```

程序运行结果如图 4-1 所示。

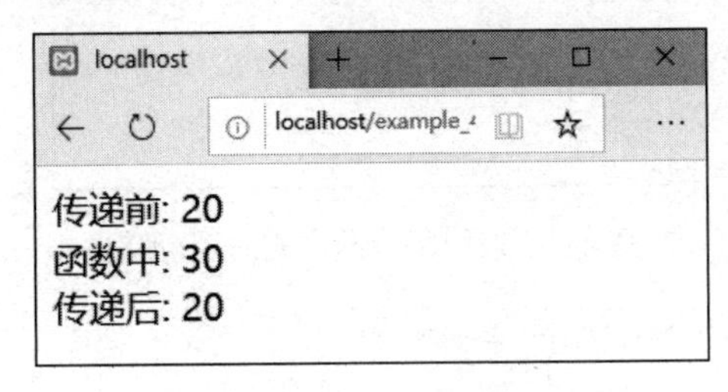

图 4-1　按值传递方式的运行结果

通过本实例的运行结果可以看出，函数的参数在使用按值传递方式时，函数内部只针对形参进行操作，不改变实参的值。

程序运行过程中的内存分配如图 4-2 所示。

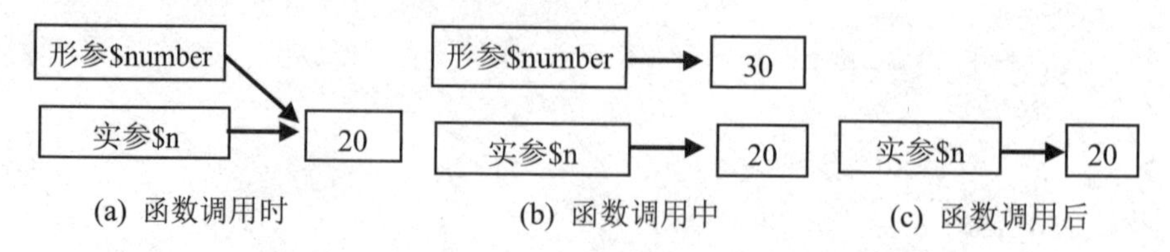

图 4-2　按值传递时，参数在内存中的动态分配

提示： 在使用按值传递方式时，在函数 fun()被调用的时候，系统为参数$number分配了内存空间，但系统没有为参数值分配新的内存空间。当参数$number的值发生变化时，系统为$number 的值分配新的内存空间。当函数 fun()运行完毕结束调用时，系统回收函数调用期间分配的所有内存空间。

2. 引用传递方式

按引用传递就是将实参的内存地址传递给对应的形参。此时，在函数内部的操作都会影响实参的值，返回后，实参的值会发生变化。使用引用传递方式，要在函数的参数前加一个“&”符号。

【实例 4-3】按引用传递函数参数示例。

```
<?php
  header("Content-Type:text/html;charset=gb2312");
  function fun(&$number){                      //定义函数，按引用方式传递参数的值
    $number=$number+10;
    echo $number;                              //函数内输出形参的值
  }
  $n=20;
  echo "传递前：",$n, "<br>";                  //变量 n 传递前的值
  echo "函数中：",fun($n), "<br>";             //将$n 的值传递给形参$number
  echo "传递后：",$n, "<br>";                  //实参的值发生变化
?>
```

程序运行结果如图 4-3 所示。

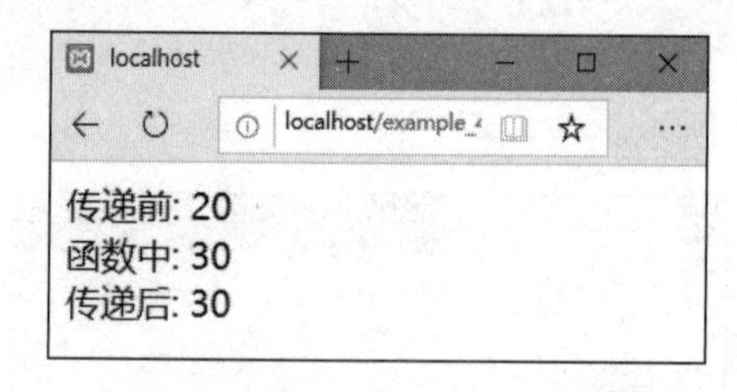

图 4-3　按引用传递方式的运行结果

程序运行过程中的内存分配如图 4-4 所示。

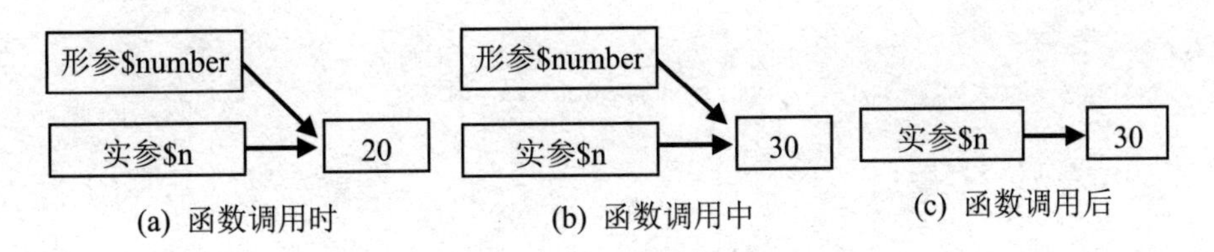

图 4-4　按引用传递时，参数在内存中的动态分配

提示：在使用按引用传递方式时，函数 fun()被调用时，系统为形参$number 分配了内存空间，此时形参$number 和实参$n 指向了同一个变量值。当形参$number 的值发生变化时，实参$n 的值也同时发生变化。当函数 fun()运行完毕结束调用时，系统回收调用函数期间分配的所有内存空间。

3. 可选参数(默认参数)传递方式

可选参数就是指定某个参数为可选参数，将可选参数放在参数列表末尾，并且指定其默认值为空。

【实例 4-4】按可选参数传递函数参数示例。

```
<?php
  header("Content-Type:text/html;charset=gb2312");
  function fun($value,$para=""){          //最后一个参数初始值为空
    $value=$value+(int)$para;
    echo $value, "<br>";                  //函数内输出形参的值
  }
  fun(10,2);                              //可选参数值为 2
  fun(10);                                //没有为可选参数赋值
?>
```

程序运行结果如图 4-5 所示。

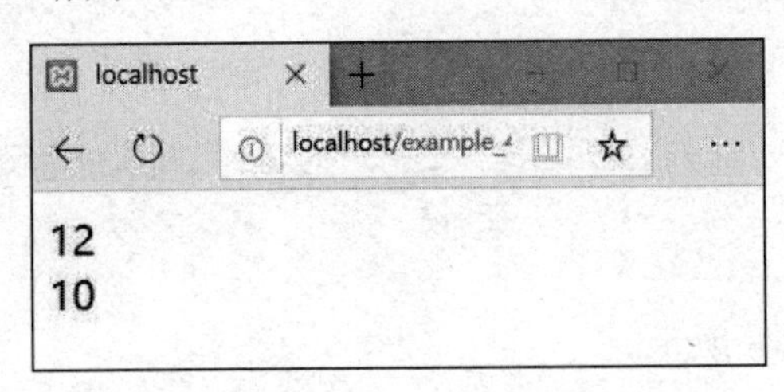

图 4-5　按可选参数传递方式的运行结果

4.1.3　函数的返回值

在 PHP 中，自定义函数将返回值传递给调用者的方式有两种：使用函数 return()返回一个值或使用 list()语言结构返回多个值。

1. return()函数

return()函数将值返回给函数的调用者，即将程序控制权返回给调用者的作用域。

【实例 4-5】编写函数 circle()，其功能是计算圆的面积。

```
<?php
  header("Content-Type:text/html;charset=gb2312");
  function circle($r){
    $s=3.14*$r*$r;
    return $s;
  }
  $n=10;
  $area=circle($n);
  echo "圆面积：",$area;
?>
```

程序运行结果：

```
圆面积：314
```

提示： return 语句只能返回一个值，不能一次返回多个值。如果要返回多个结果，就要在函数中定义一个数组，将返回值存放在数组中返回。

2. list()语言结构

通过 list()语言结构可以从函数中返回多个值，list()的语法结构如下：

```
void list(varname_1,varname_2,…)
```

list()不是真正的函数，而是语言结构，list()可以一次将多个值赋给不同的变量。

【实例 4-6】通过 list()语言结构接收函数返回的多个值。

```
<?php
  function fun(){
    $value[0]=10;
    $value[1]=20;
    $value[2]=30;
    return $value;        //返回数组 value 的 3 个元素的值
  }
  list($a,$b,$c)=fun(); //将函数 fun()的返回值依次赋给变量$a、$b、$c
  echo "a=",$a, " b=",$b, " c=",$c;
?>
```

程序运行结果如图 4-6 所示。

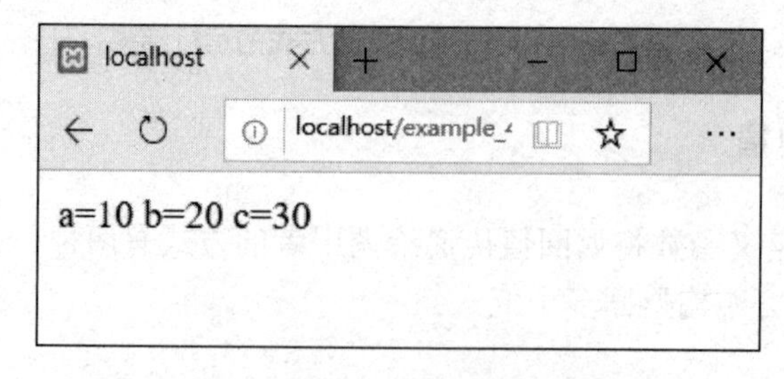

图 4-6　通过 list()接收函数返回的多个值

提示：
- list()仅能用于下标为数字的数组，而且数组的下标从 0 开始。
- list()所列出的变量个数不能多于函数返回值的个数，如例 4-6 中的 list()语

句若写成

```
list($a,$b,$c,$d)=fun();
```

则是错误的，其中的变量$d 是多余的。

4.2　变量的作用域

变量的作用域是程序中定义的变量存在(或生效)的区域，超过该区域变量就不能被访问。根据变量的作用域可以将变量分为局部变量和全局变量。变量在 PHP 程序中的位置决定了变量的作用域。

局部变量：在函数内部定义的变量(包括函数的参数)。局部变量在函数调用结束后会被系统自动回收。

全局变量：在所有函数之外定义的变量。全局变量可以被 PHP 程序中的所有语句访问(不包括自定义函数内部的 PHP 语句)。当 PHP 程序执行到程序末尾时，全局变量才会被系统自动回收。全局变量也可以应用于 include 语句和 require 语句所引用的 PHP 程序文件。

如果某函数内的 PHP 语句要访问全局变量，就要在该函数内定义的变量前加关键字 global，这样函数外部的全部变量就变成局部变量了。

【实例 4-7】全局变量和局部变量应用示例。

```
<?php
    header("Content-Type:text/html;charset=gb2312");
    function fun($n){
        global $m;                //在$m 变量前加 global，则可访问全局变量 m
        $m=$n+10;
        echo "函数内：",$m, "<br>";
    }
    $m=15;                        //$m 为全局变量
    fun($m);
    echo "函数外：",$m, "<br>";
?>
```

程序运行结果如图 4-7 所示。

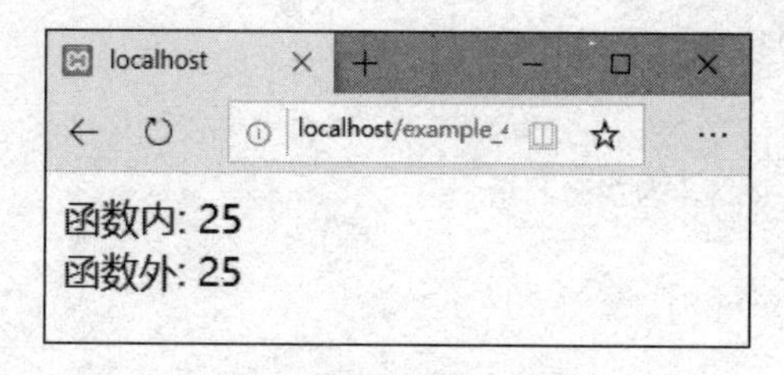

图 4-7　实例 4-7 运行结果

当程序调用函数 fun()时，PHP 预处理器创建一个局部变量(函数形参)$n，其值为 15(由全局变量$m 传递)；当程序执行到“global $m;”时，便可访问全局变量$m，此时函数内部的变量$m 和函数外部的变量$m 为同一个变量；当程序执行到“$m=$n+10;”时，全局变量$m 的值变为 25，这说明声明为 global 的局部变量，不但可以访问同名的全局变量，而且可以改变同名全局变量的值。

该实例中的内存动态变化如图 4-8 所示。

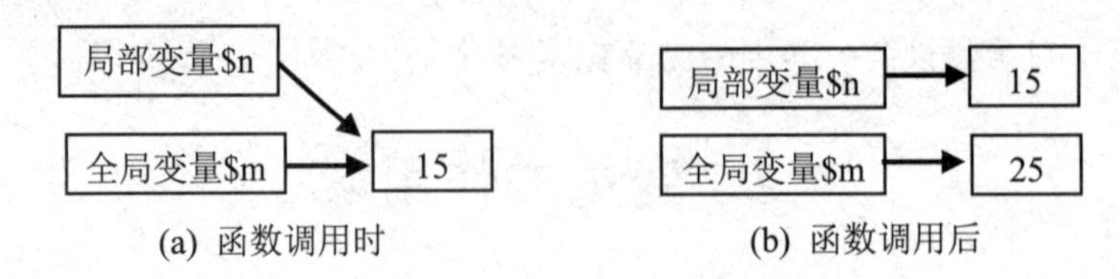

图 4-8　全局变量和局部变量在内存中的动态分配

提示：

- 函数的参数不能使用 global 定义。
- 在函数内部使用 global 声明变量时，不能使用赋值语句为该变量赋值。例如:

```
global $m=10;
```

  就是错误的。
- 使用 global 语句可以一次定义多个变量，例如:

```
global $a, $b;
```

4.3　变量的生存周期

在函数体内定义的变量的生存周期开始于每一次函数调用时，结束于本次函数调用的结束时刻。如果希望函数体内的变量继续存活于下一次的函数调用中，此时就要在该变量前加上关键字 static，将该变量定义为静态变量。

【实例 4-8】 静态变量与普通变量的区别。

```
<?php
  header("Content-Type:text/html;charset=gb2312");
  function fun_1(){
    static $m=10;   //$m 为静态变量
    $m++;
    echo "静态变量",$m, "<br>";
  }
  function fun_2(){
    $n=10;          //$n 为普通变量
    $n++;
    echo "普通变量",$n, "<br>";
  }
  fun_1();      //函数 fun_1()第一次调用
  fun_1();      //函数 fun_1()第二次调用
  fun_1();      //函数 fun_1()第三次调用
  fun_2();      //函数 fun_2()第一次调用
  fun_2();      //函数 fun_2()第二次调用
  fun_2();      //函数 fun_2()第三次调用
?>
```

程序运行结果如图 4-9 所示。

图 4-9　静态变量与普通变量的区别

当第一次调用函数 fun_1()时，执行语句“static $m=10;”，此时在内存中创建了一个静态变量$m，执行到语句“$m++;”时，$m 的值变为 11；当第二次调用函数 fun_1()时，由于内存中已存在静态变量$m，程序将不再执行语句“static $m=10;”，此时静态变量$m 仍然保存前一次的值 11；当执行到语句“$m++;”时，$m 的值变为 12；当第三次执行函数 fun_1()时，$m 的值就变为 13。当所有的代码执行完毕，内存中的所有变量都被回收。

而每次调用函数 fun_2()时，首先在内存中创建普通变量$n，当本次函数调用结束时，内存中的变量$n 就被回收，故普通变量的值不会被累加。

本 章 小 结

本章详细介绍了自定义函数的定义与调用方法，自定义函数参数传递的方式，变量的作用域以及变量的生存周期。

习　　题

1. 编写一个函数，计算圆的面积。
2. 编写一个函数，判断两个整数中的较大者。
3. 编写一个函数，判断一个整数是否为素数。

第5章

数　　组

本章要点

- 数组的基本概念
- 一维数组的应用
- 二维数组及多维数组的基本概念

学习目标

- 掌握数组的基本概念
- 掌握一维数组的应用
- 掌握二维数组的简单应用

数组是程序设计中的重要内容，利用数组可以对大量类型相同的数据进行存储、排序、插入、删除等操作，进一步提高程序的开发效率。

5.1 数 组 概 述

5.1.1 数组的基本概念

数组是一组数据的集合，它将数据按照一定规则排列起来，形成一个可操作的整体。数组中的每一个数据称为“元素”，元素之间相互独立，每个元素相当于一个变量，元素依靠“键”来识别。

5.1.2 数组的分类

PHP 将数组分为一维数组、二维数组和多维数组，但不管是一维数组还是多维数组，都可以将其分为数字索引数组(indexed array)和关联数组(associative array)。

1. 数字索引数组

数字索引数组的键名(下标)由数字组成，默认从 0 开始，每个数字对应数组元素在数组中的位置。

2. 关联数组

关联数组的键名(下标)可以由数值和字符串混合组成。

5.2 一 维 数 组

5.2.1 一维数组的声明

PHP 中声明一维数组主要有两种方法：使用 array()函数声明数组和直接为数组元素赋值。

1. 使用 array()函数声明数组

使用 array()函数声明数组时，数组的键名既可以是数字索引，也可以是关联索引。键名与元素值之间用“=>”进行连接，不同的数组元素用逗号分隔开。

【实例 5-1】使用 array()函数声明一维数组(键名为数字)。

```
<?php
    header("Content-Type:text/html;charset=gb2312");
    $a=array(1=>"你",2=>"好",3=>"世",4=>"界");
    echo $a[1],$a[2],$a[3],$a[4];
?>
```

程序运行结果如图 5-1 所示。

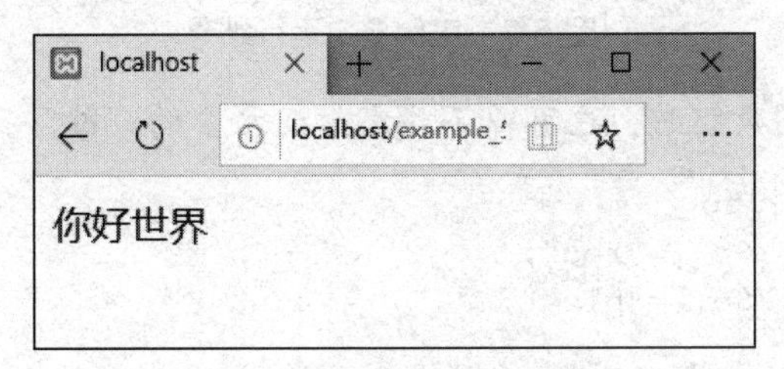

图 5-1 实例 5-1 运行结果

使用 array()函数声明数组时，数组的键名也可以是字符串。

【实例 5-2】使用 array()函数声明一维数组(键名为字符串)。

```
<?php
    header("Content-Type:text/html;charset=gb2312");
    $color=array("red"=>"红","blue"=>"蓝","green"=>"绿");
    echo $color["red"], $color["blue"], $color["green"];
?>
```

程序运行结果如图 5-2 所示。

图 5-2 实例 5-2 运行结果

2. 直接为数组元素赋值来声明一维数组

【实例 5-3】使用直接为数组元素赋值的方式声明一维数组。

```
<?php
    header("Content-Type:text/html;charset=gb2312");
    $a[1]="你";
    $a[2]="好";
    $a[3]="世";
```

```
    $a[4]="界";
    print_r($a);    //输出数组$a
?>
```

程序运行结果如图 5-3 所示。

图 5-3　实例 5-3 运行结果

提示：

- 在声明数组时，也可以不指定数组元素的“键”。例如:

```
<?php
   $b[]="red";
   $b[]="blue";
?>
```

当数组元素的键没有指定时，数组元素的键在已有元素最大键的基础上递增 1(数组没有整数键时，则从 0 开始递增 1)。上述程序中声明的数组元素等价于$b[0]= "red"，$b[1]= "blue"。

- PHP 数组中的整数“键”可以不连续。例如:

```
<?php
   $a[4]="red";
   $a[2]="blue";
?>
```

5.2.2 遍历数组

遍历数组就是按照一定的顺序依次访问数组中的每一个元素，直到访问完为止。在 PHP 中可以通过流程语句(foreach 和 for 循环语句)或函数(list()和 each())来遍历数组。

1. 通过 foreach 语句遍历数组

【实例 5-4】 利用 foreach 语句遍历一维数组。

```
<?php
    header("Content-Type:text/html;charset=gb2312");
    $str=array("red"=>"红","blue"=>"蓝","green"=>"绿");
    foreach($str as $link)
        echo $link," ";
?>
```

程序运行结果如图 5-4 所示。

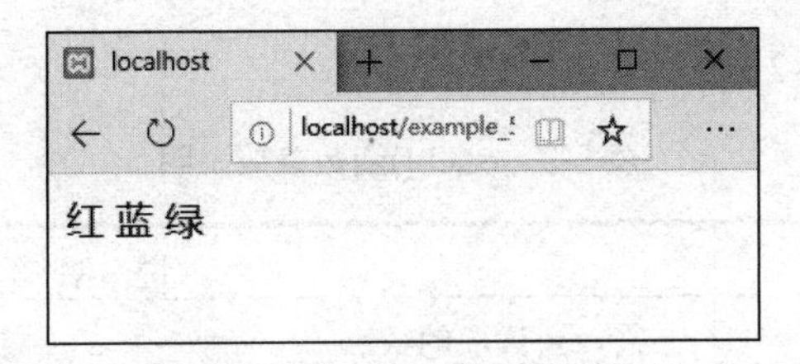

图 5-4　实例 5-4 运行结果

2. 通过 for 循环语句遍历数组

如果要遍历的数组是数字索引数组，而且数组的键的值为连续的整数，则可以使用 for 循环语句来遍历。此时需要用 count()函数获取数组中元素的数量。

【**实例 5-5**】利用 for 循环语句遍历一维数组。

```
<?php
    header("Content-Type:text/html;charset=gb2312");
    $str=array(0=>"C 语言",1=>"Viusal Basic",2=>"PHP");
    for($i=0;$i<count($str);$i++)
        echo $str[$i],"<br>";
?>
```

程序运行结果如图 5-5 所示。

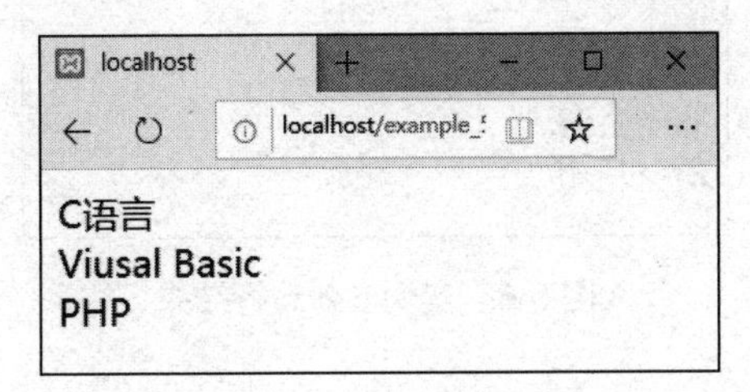

图 5-5　实例 5-5 运行结果

3. 通过函数 list()和 each()遍历数组

list()函数将数组元素的值赋予一些变量，其语法格式如下：

```
void list(var1,var2,...)
```

函数参数说明如表 5-1 所示。

表 5-1　list()函数参数说明

参　数	说　明
var1	必需，第一个需要赋值的变量
var2	可选，可以有多个变量

函数功能：将数组中元素的值赋给一组变量。该函数仅能应用于数字索引的数组，键的值从 0 开始。

each()函数返回数组元素的键名和对应的值，其语法格式如下：

```
array each(array)
```

函数参数说明如表 5-2 所示。

表 5-2　each()函数参数说明

参　数	说　明
array	必需，要读取的数组

函数功能：each()函数生成一个由数组内部指针所指向的元素的键名和键值组成的数组，并且内部指针向前移动。若内部指针越过了数组范围，each()函数将返回 FALSE。

【实例 5-6】 利用 list()和 each()函数遍历一维数组。

```
<?php
    header("Content-Type:text/html;charset=gb2312");
    $str=array("0"=>"北京","1"=>"上海","2"=>"广州");
    While(list($key,$value)=each($str))      //list 函数获取 each 函数返回值
        echo "$key=>$value","<br>";          //数组元素的键和值，并分别赋予
?>                                           //变量$key 和$value
```

程序运行结果如图 5-6 所示。

图 5-6　实例 5-6 运行结果

5.3 二 维 数 组

如果数组元素中的“值”也是一个数组，此时数组就是一个二维数组，甚至是多维数组。由于在实际编程中很少涉及多维数组，因此本节主要介绍二维数组的应用。

5.3.1　二维数组的声明

二维数组的创建可以通过 array()函数来实现。

【实例 5-7】 利用 array()函数创建二维数组。

```
<?php
   header("Content-Type:text/html;charset=gb2312");
   //声明二维数组
   $a=array("计算机"=>array("PHP","JAVA","C 语言"),
            "经济"=>array("会计","国际贸易","金融"),
            "历史"=>array("春秋","战国","左传"));
    //输出数组元素
    print_r($a);
?>
```

程序运行结果如图 5-7 所示。

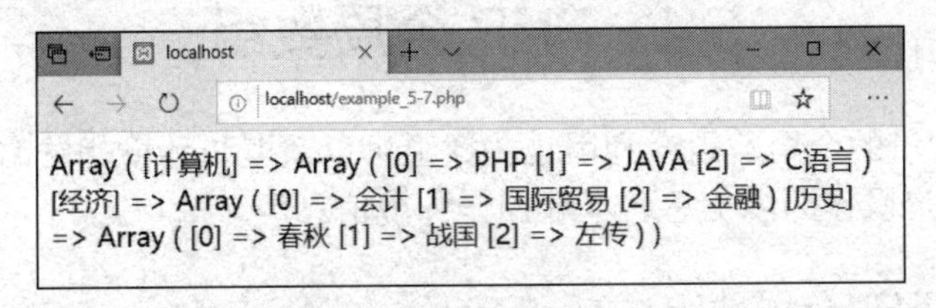

图 5-7　二维数组的结构

二维数组的元素的排列类似于二维表，数组的第一个“键”相当于二维表中的“行”，数组的第二个“键”相当于二维表中的“列”。二维数组的结构如表 5-8 所示。

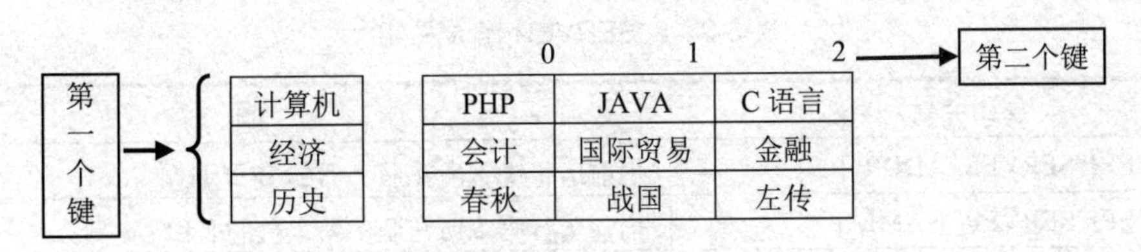

图 5-8　二维数组与二维表

5.3.2　二维数组元素的访问

由于二维数组中存在两个“键”，因此，要访问二维数组的元素的值，首先要确定这两个“键”。

【实例 5-8】访问二维数组元素。

```
<?php
   header("Content-Type:text/html;charset=gb2312");
   $a=array("计算机"=>array("PHP","JAVA","C 语言"),
             "经济"=>array("会计","国际贸易","金融"),
             "历史"=>array("春秋","战国","左传"));
   echo $a["计算机"][0];          //输出二维数组的元素
?>
```

程序运行结果如图 5-9 所示。

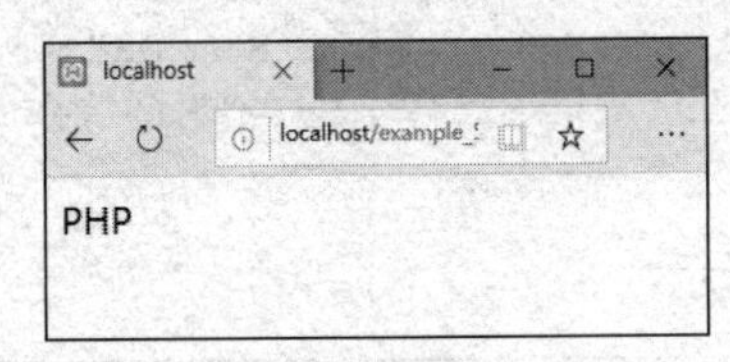

图 5-9　二维数组元素的访问

说明：

- 二维数组元素$a[计算机][0]对应的值是“PHP”，其中第一个键“计算机”用于确定二维数组的某一行，第二个键“0”用于确定二维数组“计算机”行中的某一列。
- 只使用第一个键访问数组时，访问的是数组的某一行，该行是一个一维数组，例如$a[计算机]对应的就是一维数组。

5.4 PHP 全局数组

PHP 提供了大量的全局数组，利用这些数组可以获取与环境相关的信息。例如，当前用户会话信息、用户操作环境信息、本地操作环境信息等。

5.4.1 $_SERVER[]全局数组

$_SERVER[]全局数组包含由 Web 服务器创建的信息，利用这些数组可以获取服务器和客户配置以及当前请求的有关信息。$_SERVER[]数组的相关说明如表 5-3 所示。

表 5-3 $_SERVER[]全局数组

数组元素	说 明
$_SERVER["SERVER_ADDR"]	当前运行脚本所在服务器的 IP 地址
$_SERVER["SERVER_NAME"]	当前运行脚本所在服务器主机的名称
$_SERVER["REQUEST_METHOD"]	访问页面的提交方法，如 GET、POST、PUT
$_SERVER["REMOTE_ADDR"]	浏览当前页面的用户的 IP 地址
$_SERVER["REMOTE_HOST"]	正在浏览当前页面的用户的主机名
$_SERVER["REMOTE_PORT"]	用户连接到服务器所使用的端口
$_SERVER["SCRIPT_FILENAME"]	当前执行脚本的绝对路径
$_SERVER["SERVER_PORT"]	服务器所使用的端口
$_SERVER["SERVER_SIGNATURE"]	包含服务器版本和虚拟主机名的字符串
$_SERVER["DOCUMENT_ROOT"]	当前运行脚本所在文档的根目录

【实例 5-9】利用$_SERVER[]全局数组获取服务器所在的 IP 地址及服务器的相关信息。

```
<?php
    header("Content-Type:text/html;charset=gb2312");
    echo "当前服务器 IP 地址：",$_SERVER["SERVER_ADDR"],"<br>";
    echo "当前服务器的主机名：",$_SERVER["SERVER_NAME"],"<br>";
    echo "用户 IP 地址：",$_SERVER["REMOTE_ADDR"],"<br>";
    echo "当前运行程序所在的根目录：",$_SERVER["DOCUMENT_ROOT"],"<br>";
?>
```

程序运行结果如图 5-10 所示。

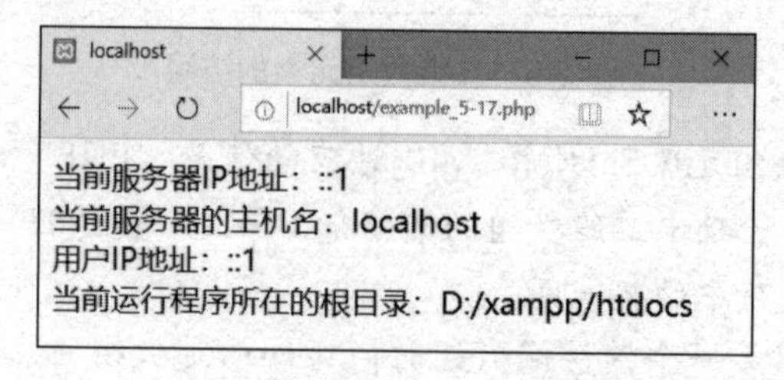

图 5-10 实例 5-9 运行结果

提示： 当计算机开启 IPv6 支持，且浏览器使用 localhost 访问本机时，则本机的 IP 地址显示为“::1”。若浏览器以 IP 地址“127.0.0.1”访问本机，则显示效果如图 5-11 所示。

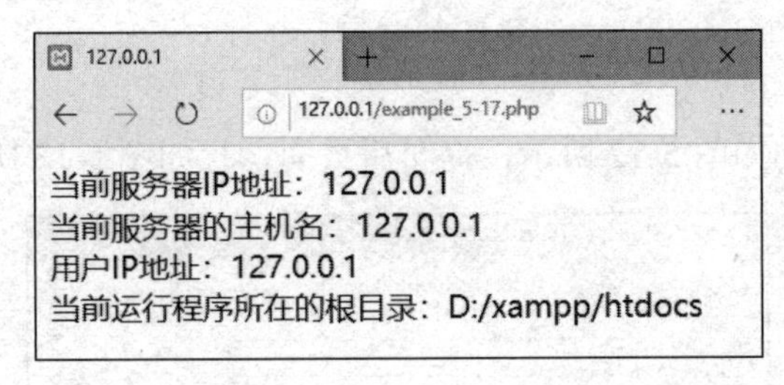

图 5-11　以 IP 地址“127.0.0.1”访问本机的运行结果

5.4.2　$_GET[]和$_POST[]全局数组

PHP 提供的$_GET[]和$_POST[]全局数组分别用来接收 GET 方法和 POST 方法传递到当前页面的数据。以 GET 方法传递的页面数据，会以查询字符串的形式显示在浏览器的地址栏中，而以 POST 方法传递的页面数据则不会显示在浏览器的地址栏中。

【实例 5-10】通过 GET 方法获取用户提交的注册信息。

创建静态网页 login.html，在页面上放置的表单控件信息如表 5-4 所示。

表 5-4　表单控件信息

控件名称	控件类型	说　明
user_name	Text	登录用户名
password	Password	登录密码
email	Text	用户的邮箱地址

login.html 文件的代码如下：

```
<html>
<head>
<meta http-equiv="Content-Language" content="zh-cn">
<meta http-equiv="Content-Type" content="text/html; charset=gb2312">
<title>注册信息</title>
</head>
<body>
<form method="GET" action="upload.php">
    <p>用户名：<input type="text" name="user_name" size="32"></p>
    <p>密码：<input type="password" name="password" size="34"></p>
    <p>邮箱：<input type="text" name="email" size="34"></p>
<p><input type="submit" value="提交" name="B1"></p>
</form>
</body>
</html>
```

创建 PHP 程序文件 upload.php，用于接收 login.html 传递的数据，程序代码如下：

```
<?php
    header("Content-Type:text/html;charset=gb2312");
    echo "用户名：",$_GET["user_name"],"<br>";
    echo "密码：",$_GET["password"],"<br>";
    echo "邮箱：",$_GET["email"],"<br>";
?>
```

login.html 页面启动如图 5-12 所示，提交后页面运行如图 5-13 所示。

图 5-12　login.html 启动页面

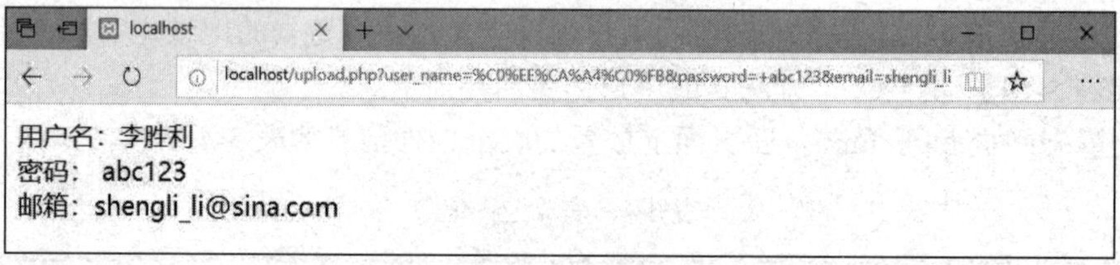

图 5-13　GET 方法提交数据的运行结果

【实例 5-11】通过 POST 方法获取用户提交的注册信息。

将实例 5-10login.html 代码中的 method="GET"改为 method="POST"，将 upload.php 中所有的$_GET 改为$_POST，则 upload.php 的代码如下：

```
<?php
    header("Content-Type:text/html;charset=gb2312");
    echo "用户名：",$_POST["user_name"],"<br>";
    echo "密码：",$_POST["password"],"<br>";
    echo "邮箱：",$_POST["email"],"<br>";
?>
```

login.html 页面启动后输入相应的信息，提交信息启动 upload.php 后，浏览器地址栏中没有所提交的用户名、登录密码等信息，程序运行结果如图 5-14 所示。

图 5-14　POST 方法提交数据的运行结果

5.4.3　$_REQUEST[]全局数组

可以通过$_REQUEST[]全局数组获取 GET 方法、POST 方法和 HTTP Cookie 传递到脚本的信息。在编写程序时，如果不知道是通过什么方式提交的数据，就可以使用$_REQUEST[]全局数组获取提交到当前页面的数据。实例 5-11 中的 upload.php 程序可以修改为：

```
<?php
   header("Content-Type:text/html;charset=gb2312");
   echo "用户名：",$_REQUEST["user-name"],"<br>";
   echo "密码：",$_REQUEST["password"],"<br>";
   echo "邮箱：",$_REQUEST["email"],"<br>";
?>
```

5.4.4　$_COOKIE[]全局数组

$_COOKIE[]全局数组存放了通过 HTTP Cookie 传递给脚本的信息。PHP 中可以通过 setcookie()函数设置 Cookie 的值，用$_COOKIE[]数组接收 Cookie 的值，$_COOKIE 数组的下标为 Cookie 的名称。

5.4.5　$_SESSION[ ]全局数组

$_SESSION[]全局数组用于获取会话变量的相关信息。关于$_COOKIE[]和$_SESSION[]全局数组的应用将在第 10 章详细讲解。

5.4.6　$_ENV[]全局数组

$_ENV[]全局数组用于提供服务器的相关信息，如$_ENV["HOSTNAME"]用于获取服务器的名称。

5.4.7　$_FILES[]全局数组

$_FILES[]全局数组用于获取一个上传文件时的相关信息。该数组为多维数组，若上传 1 个文件，该数组为二维数组；若上传多个文件，该数组为三维数组。下面对该数组的参数进行说明，如表 5-5 所示。

表 5-5　$_FILES[]全局数组的参数说明

参 数 项	说　明
$_FILES["file"]["name"]	上传文件的名称
$_FILES["file"]["type"]	上传文件的类型
$_FILES["file"]["size"]	上传文件的大小

续表

参 数 项	说 明
$_FILES["file"]["tmp_name"]	文件上传到服务器后，为文件设置的临时文件名
$_FILES["file"]["error"]	返回在上传文件过程中发生错误的代号

本 章 小 结

本章详细介绍了一维数组、二维数组的定义以及数组元素的引用方法，并介绍了 PHP 的全局数组及其应用方法。

习 题

1. 有一数组$a=array(20,34,12,54,64,43,7)，请按由小到大的次序重新排序。
2. 有一数组$b=array(15,30,45,123,67,98,26,75,6,234)，将其逆序输出。
3. 有一数组$b=array(115,320,415,23,167,98,36,35,76,134)，找出其最大值。

第 6 章

字符串处理

本章要点

- 字符串的概念
- 字符串的操作函数

学习目标

- 了解字符串的概念
- 掌握字符串操作函数的应用方法

6.1 字符串简介

字符串是由一对单引号(')或一对双引号(")包含的零个或多个字符组成的集合。构成字符串的字符主要包括以下几种类型。

- 字母类型：A、B、a、b 等。
- 数字类型：1、2 等。
- 特殊字符：#、*、+、^等。
- 不可见字符：\n(换行符)、\r(回车符)、\t(Tab 字符)等。

其中，不可见字符用来控制字符串的格式化输出，在浏览器上不可见，只能看见输出的结果。

字符串的界定符号有以下 3 种。

- 单引号(')。
- 双引号(")。
- 界定符(<<<)。

6.2 字符串操作

6.2.1 获取字符串的长度

字符串长度函数主要包括 strlen()函数等。

strlen()函数语法格式如下：

```
int strlen(string str)
```

函数功能：返回字符串 str 的字符串长度。

【实例 6-1】使用 strlen()函数计算字符串的长度。

```
<?php
    $str="hello 世界";
    echo strlen($str);
?>
```

程序运行结果：

```
9
```

提示： 当文件以 ANSI 编码格式存储时，则一个英文字符占一个长度，一个汉字占两个长度，所以字符串的长度为 9。

若文件以 UTF-8 的编码格式存储时，则一个英文字符占一个长度，一个汉字占三个长度，所以字符串的长度为 11。

6.2.2 截取字符串

字符串截取函数包括 substr()函数、mb_substr()函数和 mb_strcut()函数。

1. substr()函数

语法格式如下：

```
string substr(string str,int start,int length)
```

函数功能：从 str 字符串中的 start 位置截取长度为 length 的子字符串。
该函数的参数如表 6-1 所示。

表 6-1　函数 substr()的参数说明

参　数	描　述
str	规定要处理的字符串
start	截取字符串的开始位置 正数：从字符串的指定位置开始； 负数：从字符串结尾处指定的位置开始 0：从字符串左端第一个字符处开始
length	可选。截取的子字符串的长度。若忽略，则取到字符串的尾端。 正数：从 start 所在的位置开始从左向右返回的长度； 负数：从字符串末端开始从右向左返回的长度

【实例 6-2】使用函数 substr()截取字符串。

```
<?php
   header("Content-Type:text/html;charset=gb2312");
   $str="Hello world";
   echo "左起第 1 个向右截取 5 个字符：",substr($str,0,5),"<br>";
   echo "左起第 3 个到结尾：",substr($str,2),"<br>";
   echo "右起第 3 个向右截取 2 个字符：",substr($str,-3,2),"<br>";
   echo "右起第 5 个到右起第 3 个之前的字符：",substr($str,-5,-3),"<br>";
   echo "右起第 5 个到结尾：",substr($str,-5),"<br>";
?>
```

程序运行结果如图 6-1 所示。

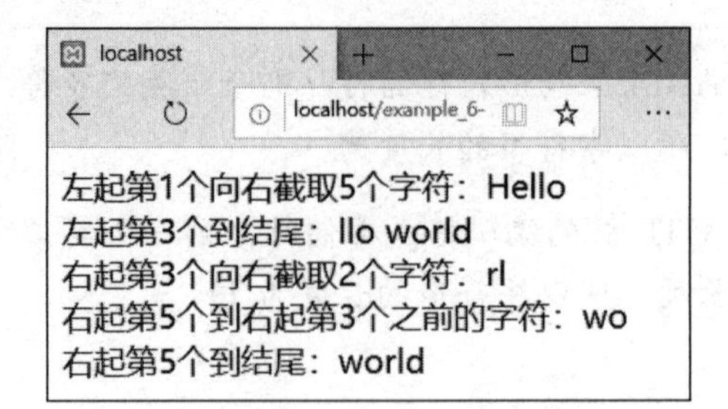

图 6-1　实例 6-2 运行结果

提示： 对 substr()函数来说，一个中文字符占用两个字节长度，因而在使用 substr()函数截取中文字符串时，有可能会导致乱码。例如以下代码：

```
<?php
   header("Content-Type:text/html;charset=gb2312");
   $str="学习 PHP 程序";
   echo substr($str,1,5),"<br>";
?>
```

程序运行后出现乱码情况，如图 6-2 所示。

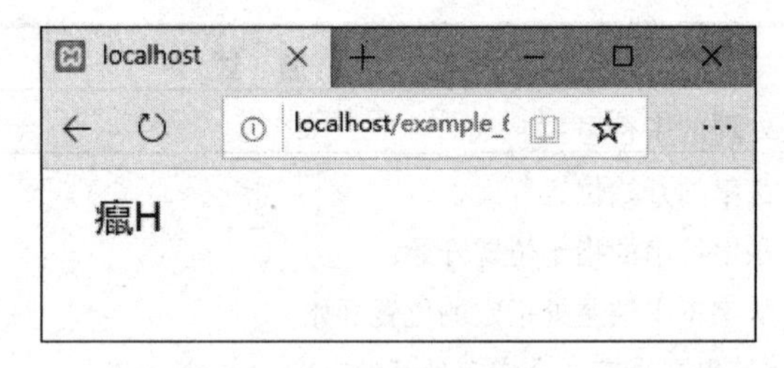

图 6-2　substr()函数截取中文字符串出现乱码的情况

使用 mb_substr()函数或 mb_strcut()函数可以解决截取中文字符串出现乱码的问题。

2. mb_substr()函数

语法格式如下：

```
string mb_substr(string str,int start,int length,encoding)
```

函数功能：与 substr()函数大致相同。

mb_substr()函数的参数同 substr()大致相同，其中 encoding 表示编码的方式，一般取 gb2312、gbk 或 utf-8。

【实例 6-3】使用函数 mb_substr()截取字符串。

```
<?php
    header("Content-Type:text/html;charset=gb2312");
    $str="学习 PHP 程序";
    echo "中文编码方式：",mb_substr($str,0,5,"gb2312"),"<br>";
    echo "UTF-8 编码方式：",mb_substr($str,0,5,"utf-8"),"<br>";
?>
```

程序运行结果如图 6-3 所示。

图 6-3　实例 6-3 运行结果

3. mb_strcut()函数

语法格式如下：

```
string mb_strcut(string str,int start,int length,encoding)
```

函数功能：与 mb_substr()函数大致相同。

mb_strcut()函数的参数同 mb_substr()大致相同。

【实例 6-4】使用函数 mb_strcut()截取字符串。

```
<?php
    header("Content-Type:text/html;charset=gb2312");
    $str="学习程序设计";
    echo "中文编码方式：",mb_strcut($str,0,5,"gb2312"),"<br>";
    echo "UTF-8 编码方式：",mb_strcut($str,0,5,"utf-8"),"<br>";
?>
```

程序运行结果如图 6-4 所示。

图 6-4　实例 6-4 运行结果

提示： mb_strcut()函数采取的编码方式为 gb2312 或 gbk 时，是按照字节来切分字符的。当 mb_strcut()函数采用的编码方式与 PHP 内部采用的编码方式不一致时，截取中文字符串时会出现乱码的情况。

6.2.3　操作子字符串

子字符串的操作主要包括：确定子字符串的位置、查找子字符串以及统计子字符串出现的次数等。

1. 确定子字符串的位置

确定子字符串位置的函数主要包括 strpos()函数、strrpos()函数、mb_strpos()函数和 mb_strrpos()函数。

(1) strpos()函数。

语法格式如下：

```
int strpos(string str, string substr, int offset)
```

函数功能：在字符串 str 中以区分大小写的方式查找子字符串 substr 第一次出现的位置。若 substr 不在 str 中，函数返回 FALSE。

函数的参数说明如表 6-2 所示。

表 6-2　函数 strpos()的参数说明

参　数	描　述
str	规定要搜索的字符串
substr	要查找的子字符串
offset	可选。指定从 str 的哪个位置开始查找，默认从第一个字符开始查找

【实例 6-5】使用函数 strpos()查找子字符串第一次出现的位置。

```
<?php
    $str="Study PHP,Use PHP";
    echo strpos($str,"PHP");
?>
```

程序运行结果为：

```
6
```

(2) strrpos()函数。

语法格式如下：

```
int strrpos(string str, string substr, int offset)
```

函数功能：在字符串 str 中以区分大小写的方式查找子字符串 substr 最后一次出现的位置。若 substr 不在 str 中，函数返回 FALSE。

strrpos()函数的参数含义与 strpos()函数的参数含义大致相同。

【实例 6-6】使用函数 strrpos()查找子字符串最后一次出现的位置。

```
<?php
  $str="Study PHP,Use PHP";
  echo strrpos($str,"PHP");
?>
```

程序运行结果为：

```
14
```

(3) mb_strpos()函数。

语法格式如下：

```
int mb_strpos(string str, string substr, int offset,string encoding)
```

函数功能：与 strpos()函数的功能大致相同，只是 mb_strpos()函数可以设置用 encoding

编码方式来解析字符串 str。

【实例 6-7】使用函数 mb_strpos()查找子字符串第一次出现的位置。

```
<?php
  $str="学习 PHP,应用 PHP";
  echo mb_strpos($str,"PHP",0,"utf-8");
?>
```

程序运行结果为：

```
2
```

(4) mb_strrpos()函数。

语法格式如下：

```
int mb_strrpos(string str, string substr, int offset,string encoding)
```

函数功能：与 strrpos()函数的功能大致相同，只是在 mb_strrpos()函数中可以设置用 encoding 编码方式来解析字符串 str。

mb_strrpos 函数的参数含义与函数 strpos()的参数含义大致相同。

【实例 6-8】使用函数 mb_strrpos()查找子字符串最后一次出现的位置。

```
<?php
  $str="学习 PHP,运用 PHP";
  echo mb_strrpos($str,"PHP",0,"utf-8");
?>
```

程序运行结果为：

```
8
```

提示： strpos()函数和 strrpos()函数适合于在英文字符串中定位，mb_strpos()函数和 mb_strrpos()函数适合于在中文字符串中定位。

2. 查找子字符串

字符串的查找方法分为两类：一类是区分字母大小写的，主要通过函数 strstr()和 strrchr()来实现；另一类是不区分字母大小写的，可以通过函数 stristr()来实现。

(1) strstr()函数。

语法格式如下：

```
string strstr(string str, mixed search, bool before_search)
```

函数功能：查找字符串 search 在另一字符串 str 中第一次出现的位置，并返回从该位置到 str 结尾的所有字符。若未找到，函数返回 FALSE。

函数的参数说明如表 6-3 所示。

表 6-3　函数 strstr()的参数说明

参　数	说　明
str	规定被搜索的字符串
search	规定所搜索的字符串
before_search	可选。默认值为 FALSE。若设置为 TRUE，则返回 search 第一次出现之前的字符串部分

【实例 6-9】使用函数 strstr()查找字符串。

```
<?php
    header("content-type:text/html;charset=gb2312");
    $str = "Hello world";
    echo "所查字符串及剩余部分：",strstr($str, "wor"),"<br>";
    echo "所查字符串之前部分:",strstr($str,"world",true);
?>
```

程序运行结果如图 6-5 所示。

图 6-5　实例 6-9 的运行结果

(2)　strrchr()函数。

语法格式如下：

```
string strrchr(string str, mixed search)
```

函数功能：查找字符串 search 在另一字符串 str 中最后一次出现的位置，并返回从该位置到 str 结尾的所有字符。若未找到，函数返回 FALSE。

函数的参数说明如表 6-4 所示。

表 6-4　函数 strrchr()的参数说明

参　数	说　明
str	规定被搜索的字符串
search	规定所搜索的字符串

【实例 6-10】使用函数 strrchr()查找字符串。

```
<?php
  header("content-type:text/html;charset=gb2312");
  $str = "line 1,line 2,line 3";
  echo  "所查字符串及剩余部分：",strrchr($str, "line");
?>
```

程序运行结果如图 6-6 所示。

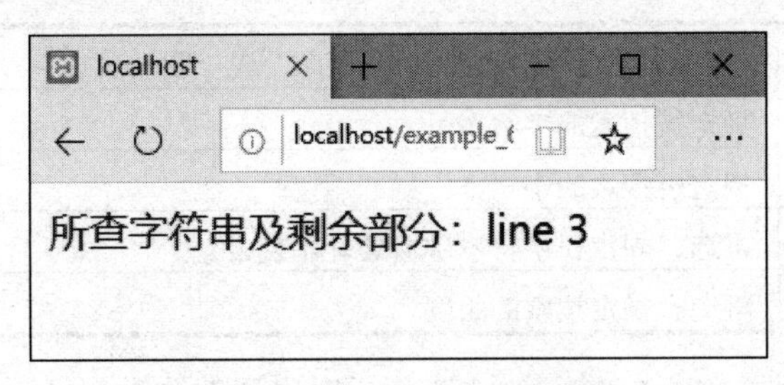

图 6-6　实例 6-10 的运行结果

(3)　stristr()函数。

语法格式如下：

```
string stristr(string str, mixed search, bool before_search)
```

函数功能：查找字符串 search 在字符串 str 中最后一次出现的位置，并返回从该位置到 str 结尾的所有字符。若未找到，函数返回 FALSE。stristr()函数的功能及参数含义与 strstr()函数的功能及参数含义相同，只是函数 stristr()不区分字母大小写。

【实例 6-11】使用函数 stristr()查找字符串。

```
<?php
    header("content-type:text/html;charset=gb2312");
    $str = "Hello WORLD";
    echo "所查字符串及剩余部分：",stristr($str, "wor"),"<br>";
    echo "所查字符串之前部分:",stristr($str,"wor",true);
?>
```

程序运行结果如图 6-7 所示。

图 6-7　实例 6-11 的运行结果

3. 统计子字符串出现的次数

统计子字符串出现的次数，可以通过函数 substr_count()来完成。

语法格式如下：

```
int substr_count(string str, string substr,int start,int length)
```

函数功能：计算子字符串 substr 在字符串 str 中出现的次数。其中，substr 是区分大小写的。

函数的参数说明如表 6-5 所示。

表 6-5　函数 substr_count()的参数说明

参　数	说　明
Str	规定被搜索的字符串
Substr	规定所搜索的字符串
Start	可选。规定在字符串中何处开始搜索
length	可选。规定搜索的长度

【实例 6-12】使用函数 substr_count()计算子串出现的次数。

```
<?php
    header("content-type:text/html;charset=gb2312");
    $str = "line 1,line 2,line 3";
    echo  "字符串出现的次数：",substr_count($str, "line");
?>
```

程序的运行结果如图 6-8 所示。

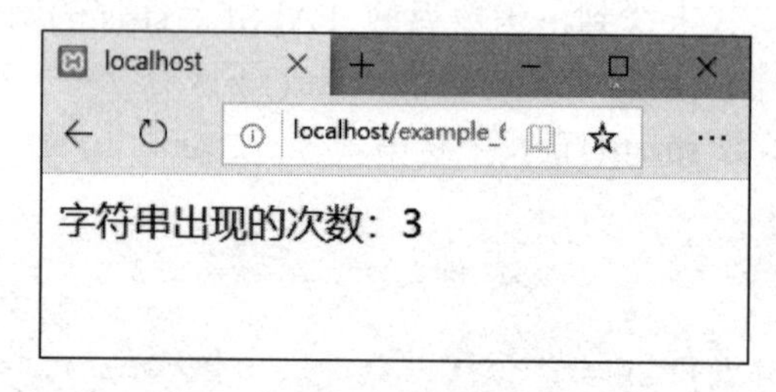

图 6-8　实例 6-12 的运行结果

6.2.4　字符串替换函数

字符串替换函数主要包括 str_replace()函数、str_ireplace()函数、substr_replace()函数和strtr()函数。

(1)　str_replace()函数。

语法格式如下：

```
mixed str_replace(mixed find,[mixed replace,]string str, int count)
```

函数功能：以区分大小写的方式将字符串 str 中的 find 字符串替换成字符串 replace，并计算替换次数。

函数的参数说明如表 6-6 所示。

表 6-6　函数 str_replace()的参数说明

参　数	描　述
find	规定要查找的字符串
replace	规定替换 find 的值
str	规定被搜索的字符串
count	可选。一个统计替换次数的变量

【实例 6-13】使用函数 str_replace()替换字符串。

```
<?php
    header("Content-Type:text/html;charset=gb2312");
    $str="hello world";
    $new_str=str_replace("o","s",$str,$i);
    echo "替换后的字符串：",$new_str,"<br>";
    echo "替换的次数：",$i;
?>
```

程序的运行结果如图 6-9 所示。

图 6-9　实例 6-13 的运行结果

(2)　str_ireplace()函数。

str_ireplace()函数的功能与 str_replace()函数相同，只是 str_ireplace()函数不区分大小写。

【实例 6-14】使用函数 str_ireplace()替换字符串。

```
<?php
    header("Content-Type:text/html;charset=gb2312");
    $str="学习 PHP";
    $new_str=str_ireplace("php","JSP 程序设计",$str,$i);
    echo "替换后的字符串：",$new_str,"<br>";
    echo "替换的次数：",$i;
?>
```

程序的运行结果如图 6-10 所示。

图 6-10　实例 6-14 的运行结果

(3)　substr_replace()函数。

语法格式如下：

```
mixed substr_replace(mixed str,string replacement,int start,int length)
```

函数功能：将字符串 str 中从 start 位置到 start+length 之间的字符串替换为字符串

replacement；若没有指定 length，则从 start 开始处替换到末尾。

函数的参数说明如表 6-7 所示。

表 6-7　函数 substr_replace()的参数说明

参　数	描　述
str	规定要检查的字符串
replacement	规定要替换的值
start	规定字符串开始替换的位置。 正数：从字符串指定的位置从左向右开始； 负数：从字符串结尾指定的位置开始； 0：从字符串的第一个字符开始
length	可选。规定要替换字符的个数，默认为字符串的长度。 正数：被替换的字符串长度； 负数：从字符串尾端开始被替换的字符数； 0：在指定的位置插入字符串

【实例 6-15】使用函数 substr_replace()替换字符串。

```
<?php
    header("Content-Type:text/html;charset=gb2312");
    $str="studing PHP";
    $new_str=substr_replace($str,"JSP",2);
    echo "替换后的字符串：",$new_str,"<br>";
    echo "插入字符串：",substr_replace($str," We are ",2,0);
?>
```

程序的运行结果如图 6-11 所示。

图 6-11　实例 6-15 的运行结果

(4)　strtr 函数。

语法格式如下：

```
string strtr(string str, array replacement)
```

函数功能：将字符串 str 中的相应字符串转换为数组 replacement 中的相应值。

【实例 6-16】使用函数 strtr()替换字符串。

```
<?php
    header("Content-Type:text/html;charset=gb2312");
```

```
    $str="studing";
    $replacement=array("s"=>"JSP","g"=>"ASP.NET");
    $new_str=strtr($str,$replacement);
    echo "替换后的字符串：",$new_str,"<br>";
?>
```

程序的运行结果如图 6-12 所示。

图 6-12　实例 6-16 的运行结果

6.2.5　比较字符串

字符串比较函数包括 strcmp()函数和 strcasecmp()函数。

(1)　strcmp()函数。

语法格式如下：

```
int strcmp(string str1,string str2)
```

函数功能：以区分大小写的方式比较字符串 str1 和 str2。若两个字符串相等，函数返回 0；若字符串 str1 大于字符串 str2，函数返回大于 0 的整数(一般为 1)；若字符串 str1 小于字符串 str2，函数返回小于 0 的整数(一般为-1)。

【实例 6-17】使用函数 strcmp()比较字符串的大小。

```
<?php
    header("Content-Type:text/html;charset=gb2312");
    $str1="studing PHP";
    $str2="Study JSP";
    echo "字符串比较结果：";
    if(strcmp($str1,$str2)==0)
        echo "两个字符串相等！";
    else{
        if(strcmp($str1,$str2)>0)
            echo "字符串 str1>字符串 str2";
        else
            echo "字符串 str1<字符串 str2";
    }
?>
```

程序的运行结果如图 6-13 所示。

图 6-13　实例 6-17 的运行结果

(2)　strcasecmp()函数。

语法格式如下：

```
int strcasecmp(string str1,string str2)
```

函数功能：与 strcmp()函数的功能相同，只是 strcasecmp()函数不区分大小写。

【实例 6-18】使用函数 strcasecmp()比较字符串的大小。

```
<?php
    header("Content-Type:text/html;charset=gb2312");
    $str1="studing php";
    $str2="Studing jsp";
    echo "字符串比较结果：";
    if(strcasecmp($str1,$str2)==0)
        echo "两个字符串相等！";
    else{
        if(strcmp($str1,$str2)>0)
            echo "字符串 str1>字符串 str2";
        else
            echo "字符串 str1<字符串 str2";
    }
?>
```

程序的运行结果如图 6-14 所示。

图 6-14　实例 6-18 的运行结果

提示： 若比较的数据中包含的不是字符串数据类型，则 PHP 会自动将该数据转换为字符串数据类型后再进行比较。例如以下程序中，两个数据比较的结果是相等的。

```
<?php
    header("Content-Type:text/html;charset=gb2312");
    $str1="123";
```

```
        $str2=123;
        if(strcmp($str1,$str2)==0)
           echo "两个字符串相等！";
        else {
            if(strcmp($str1,$str2)>0)
               echo "字符串 str1>字符串 str2";
            else
               echo "字符串 str1<字符串 str2";
        }
    ?>
```

6.2.6　去除字符串首尾空格和特殊字符

用户在输入数据时，若无意中输入了多余的空格，则需要去除字符串两端多余的空格和特殊字符。PHP 程序提供了 ltrim()函数(去除字符串左端的空格和特殊字符)、rtrim()函数(去除字符串右端的空格和特殊字符)、trim()函数(去除字符串两端的空格和特殊字符)。

1. ltrim()函数

语法格式如下：

```
string ltrim(string str,string charlist)
```

函数功能：去除字符串左端的空格或指定字符串。

函数的参数说明如表 6-8 所示。

表 6-8　ltrim()函数的参数说明

参　数	描　述
str	规定要处理的字符串
charlist	可选。规定从字符串中删除哪些字符。如果省略该参数，则移除下列所有字符。 "\0"：NULL； "\t"：制表符； "\n"：换行； "\x0B"：垂直制表符； "\r"：回车； " "：空格

【实例 6-19】使用 ltrim()函数去除字符串左端的空格及指定字符。

```
<?php
    header("Content-Type:text/html;charset=gb2312");
    $str1="   Hello    ";
    $str2="worldwo";
    echo "去除字符串 1 左端空格：",ltrim($str1),"<br>";
    echo "去除字符串 2 左端的字符 wo：",ltrim($str2,"wo");
?>
```

程序的运行结果如图 6-15 所示。

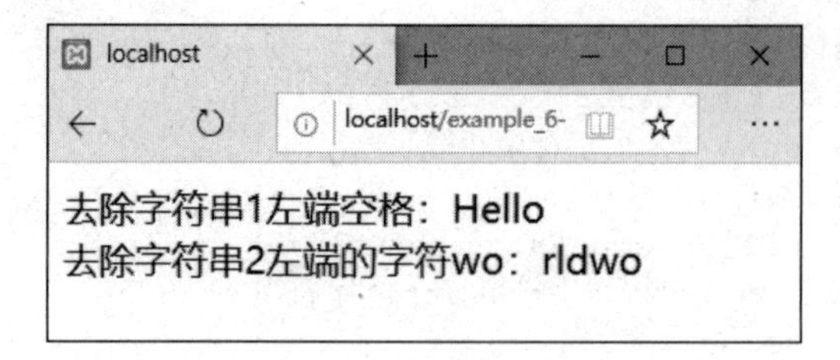

图 6-15　实例 6-19 的运行结果

2. rtrim()函数

语法格式如下：

```
string rtrim(string str,string charlist)
```

函数功能：去除字符串右端的空格或指定字符串。

该函数的参数与 ltrim()函数参数的含义大致相同。

【实例 6-20】使用 rtrim()函数去除字符串右端的空格及指定字符。

```
<?php
    header("Content-Type:text/html;charset=gb2312");
    $str1="Hello     ";
    $str2="world";
    echo "去除字符串 1 右端空格：",rtrim($str1),$str2,"<br>";
    echo "去除字符串 2 尾部字符：",rtrim($str2,"d");
?>
```

程序的运行结果如图 6-16 所示。

图 6-16　实例 6-20 的运行结果

3. trim()函数

语法格式如下：

```
string trim(string str,string charlist)
```

函数功能：去除字符串两端的空格或指定字符串。

该函数参数的含义与 ltrim()函数参数的含义相同。

【实例 6-21】使用 trim()函数去除字符串两端的空格及指定字符。

```
<?php
  header("Content-Type:text/html;charset=gb2312");
  $str1="   Hello    ";
  $str2="worldwo";
  echo "去除字符串 1 两端空格：",trim($str1),"<br>";
```

```
  echo "去除字符串 2 两端的字符：",trim($str2,"wo");
?>
```

程序的运行结果如图 6-17 所示。

图 6-17　实例 6-21 的运行结果

6.2.7　字符串与 HTML 相互转换

PHP 字符串与 HTML 之间的转换主要利用函数 htmlentities()、htmlspecialchars()和 strip_tags()来完成。

1. htmlentities()函数

语法格式如下：

```
string htmlentities(string str, int quote_style,string charset,bool
   encode)
```

函数功能：htmlentities()函数将所有的字符转换为 HTML 字符串。
函数的参数说明如表 6-9 所示。

表 6-9　htmlentities()函数的参数说明

参　数	描　述
str	规定要转换的字符串
quote_style	可选。选择处理字符串中引号的方式，有以下 3 个值可选。 ENT_COMPAT：为默认值，只转换双引号，忽略单引号； ENT_NOQUOTES：忽略双引号和单引号； ENT_QUOTES：转换双引号和单引号
charset	可选。规定转换所使用的字符集，默认为 ISO-8859-1
encode	可选。规定是否编码已存在的 HTML 实体。 TRUE：默认，对每个实体进行转换； FALSE：不会对已存在的 HTML 实体进行转换

【实例 6-22】使用 htmlentities()函数对字符串进行转换。

```
<?php
   header("Content-Type:text/html;charset=gb2312");
   $str='<table width="300" border="1" ></table>';
   echo "转换结果：",htmlentities($str,ENT_QUOTES);
?>
```

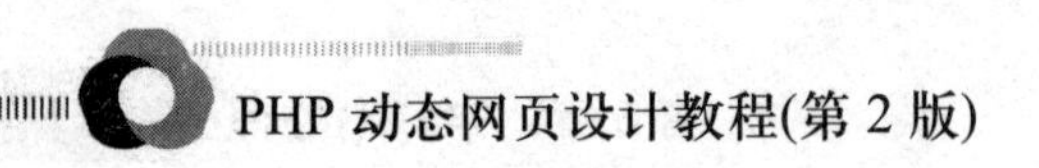

转换的结果如图 6-18 所示。

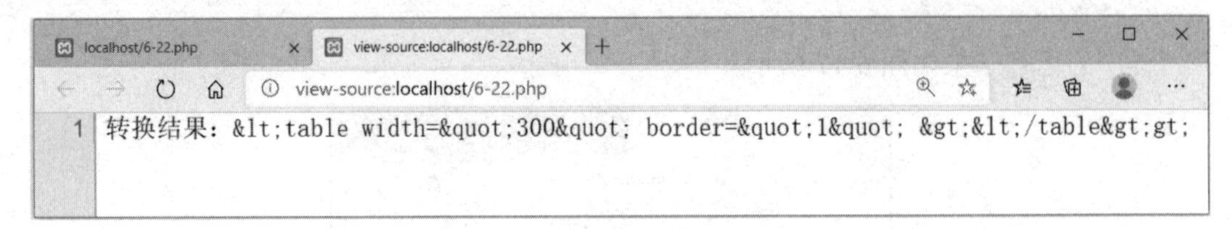

图 6-18　实例 6-22 的运行结果

2. htmlspecialchars()函数

语法格式如下：

```
string htmlspecialchars(string str,int quote_style,string charset,bool
   encode)
```

函数功能：htmlspecialchars()函数能将字符串中的某些特殊字符转换为对应的预定义实体。

htmlspecialchars()函数的参数含义与 htmlentities()函数的参数含义相同。

htmlspecialchars()函数能够转换的特殊字符如表 6-10 所示。

表 6-10　htmlspecialchars()函数能够转换的特殊字符

对应的 HTML 或 XML 文档中的特殊字符	对应的预定义实体
<	<
>	>
&	&
"	"

【实例 6-23】使用 htmlspecialchars()函数转换字符串中的特殊字符。

```
<?php
   header("Content-Type:text/html;charset=gb2312");
   $str = "This is some <b>bold</b> text.";
   echo "转换前：",$str,"<br>";
   echo "转换后：",htmlspecialchars($str);
?>
```

程序的运行结果如图 6-19 所示。

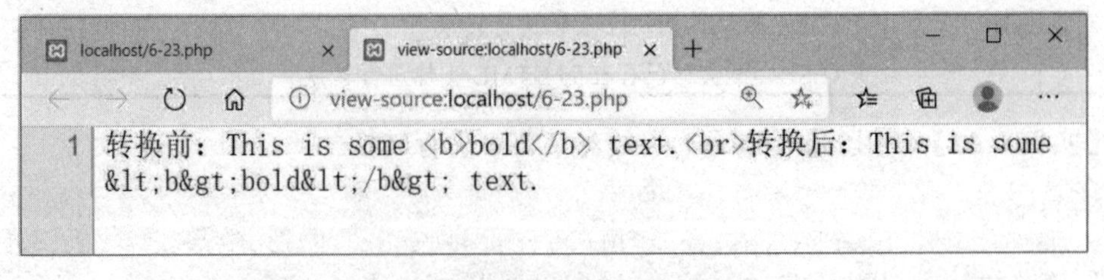

图 6-19　实例 6-23 的运行结果

3. strip_tags()函数

语法格式如下：

```
string strip_tags(string str,string allow)
```

函数功能：strip_tags()函数去除字符串中的 HTML、XML 以及 PHP 的标签。strip_tags()函数的参数说明如表 6-11 所示。

表 6-11　strip_tags()函数的参数说明

参　数	说　明
str	规定要检查的字符串
allow	可选。规定运行的标签，这些标签不会被删除

【实例 6-24】使用 strip_tags()函数转换字符串中的特殊字符。

```
<?php
  $str="Hello <b><i>world!</i></b>";
  echo strip_tags($str,"<b>");          //去除 HTML 标签，但允许使用<b>
?>
```

程序的运行结果如图 6-20 所示。

图 6-20　实例 6-24 的运行结果

6.2.8　连接与分割字符串

字符串的连接和分割函数包括 implode()函数、explode()函数和 strtok()函数。

1. implode()函数

语法格式如下：

```
string implode(string str,array arr)
```

函数功能：使用字符串 str 将数组 arr 中的元素连接成一个字符串。

【实例 6-25】使用函数 implode()连接字符串。

```
<?php
    $a=array("www","sina","com");
    echo implode(".",$a);
?>
```

程序的运行结果如图 6-21 所示。

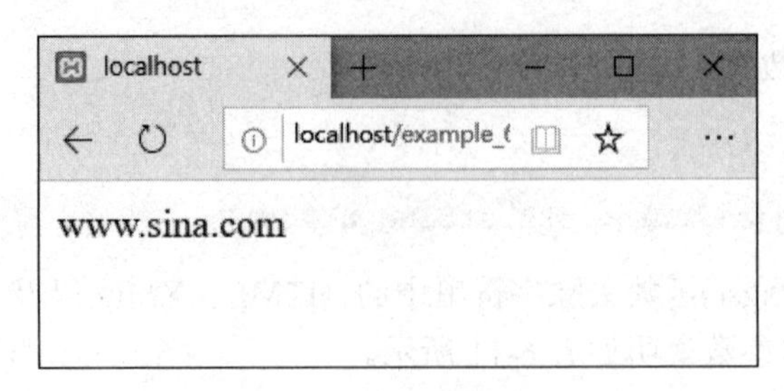

图 6-21　实例 6-25 的运行结果

2. explode()函数

语法格式如下：

```
array explode(string seprator,string str,int limit)
```

函数功能：将字符串分散为数组。

函数的参数说明如表 6-12 所示。

表 6-12　函数 explode()的参数说明

参　数	说　明
seprator	规定分割字符串的符号
str	规定要分割的字符串
limit	可选，规定要返回的数组元素的数目。 大于 0：返回包含最多 limit 个元素的数组； 小于 0：返回包含除了最后的 -limit 个元素以外的所有元素的数组； 0：返回包含一个元素的数组

【实例 6-26】使用函数 explode()分割字符串。

```
<?php
    $str ="one,two,three,four";
    print_r(explode(",",$str,0));          // limit 为 0
    echo "<br>";
    print_r(explode(",",$str,2));          // limit 大于 0
    echo "<br>";
    print_r(explode(",",$str,-1));         // limit 小于 0
?>
```

程序的运行结果如图 6-22 所示。

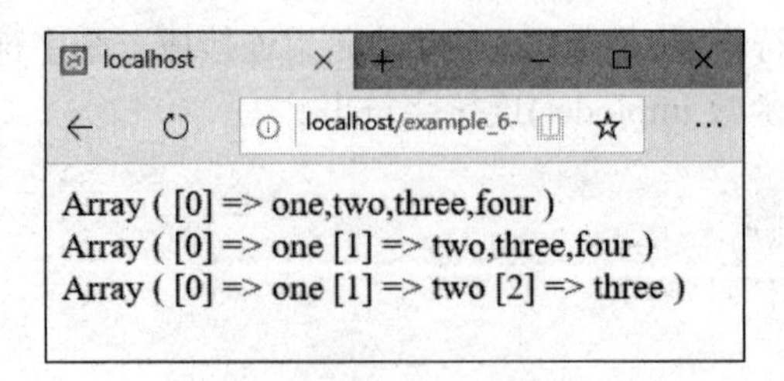

图 6-22　实例 6-26 的运行结果

3. strtok()函数

语法格式如下：

```
string strtok(string str,string seprator)
```

函数功能：使用字符串 seprator 对字符串 str 进行一次分割，也可以连续调用函数进行多次分割。第一次使用函数时，需要指定参数 str；以后再调用时，不需要再指定参数 str。

函数的参数说明如表 6-13 所示。

表 6-13　函数 strtok()的参数说明

参　数	说　明
str	规定要分割的字符串
seprator	规定分割字符串的字符

【实例 6-27】使用函数 strtok()分割字符串。

```
<?php
  $string = "Hello world. Beautiful day today.";
  $str = strtok($string, " ");  //使用空格分割字符串
  while ($str != false){
    echo "$str<br>";
    $str = strtok(" ");
  }
?>
```

程序的运行结果如图 6-23 所示。

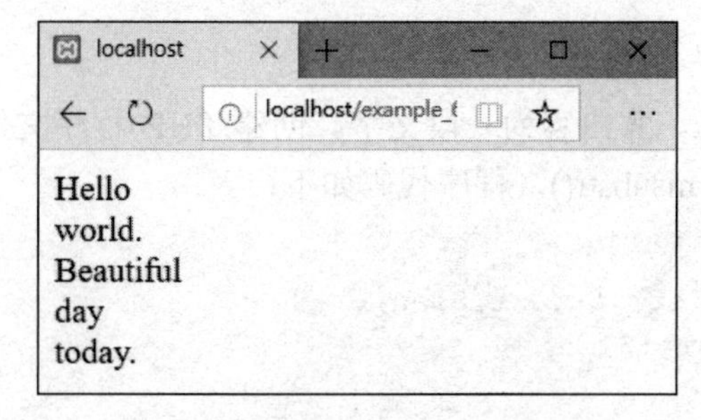

图 6-23　实例 6-27 的运行结果

6.3　综合实训案例

本节主要介绍利用字符串处理的有关函数读取文本文件 file.txt 的内容，并介绍对其进行分页显示的方法和步骤。

1. 分析

首先定义一个自定义函数：msubstr($str)。msubstr()函数的功能就是根据设定篇幅的长度对文本进行分页截取。另外，还需要对文本进行相应的计算。

- 每页显示的字节数(char_size)：如每页显示 500 个字节，$char_size=500。
- 文本总字节数($length)：strlen(unhtml($counter))。
- 总页数(page_count)：

```
$page_count=ceil($length/$char_size);
```

- 上一页的字节数：

```
msubstr($counter,0,($_GET['page']-1)*$char_size);
```

- 下一页的字节数：

```
msubstr($counter,0,$_GET['page']*$char_size);
```

- 当前页显示的文本：

```
substr($c1,strlen($c),strlen($c1)-strlen($c));
```

程序的运行结果如图 6-24 所示。

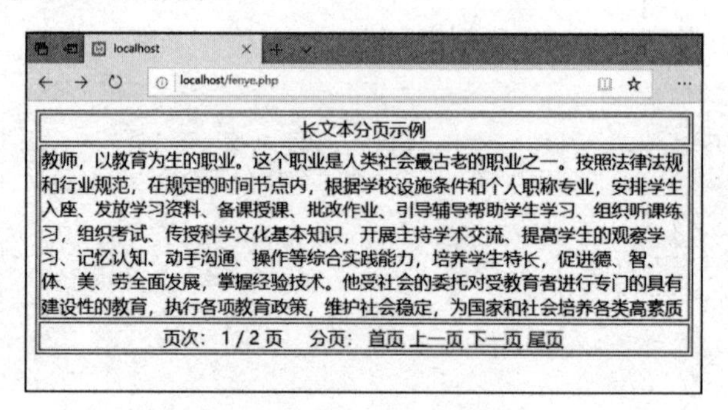

图 6-24　超长文本分页显示

2. 程序代码

创建文本文件 file.txt，其内容为一段文字。创建 PHP 程序文件 function.php，包含两个自定义函数 unhtml()和 msubstr()，程序代码如下：

```
<?php
function msubstr($str,$start,$len){
     $strlen=$start+$len;
     $tmpstr="";
     for($i=0;$i<$strlen;$i++){
           if(ord(substr($str,$i,1))>0xa0){
           //如果字符的 ASCII 序数值大于 0xa0，则表示为汉字
              $tmpstr=$tmpstr.substr($str,$i,2);
              $i++;
        }else{
           $tmpstr= $tmpstr.substr($str,$i,1);
        }
    }
   return $tmpstr;
}
?>
```

创建 PHP 程序文件 fenye.php，程序代码如下：

```
<?php
   header("Content-Type:text/html;charset=gb2312");
require_once("function.php");        //调用自定义函数文件
   if (!isset($_GET['page'])){
       $_GET['page']=1;
   }
   $char_size=500;                        //每页显示的字节数
?>
<html>
<head>
<meta http-equiv="Content-Language" content="zh-cn">
<meta http-equiv="Content-Type" content="text/html; charset=gbk">
<title 分页显示</title>
</head>
<body>
<table border="1" width="100%">
<tr>
    <td><p align="center">长文本分页示例</td>
</tr>
<tr>
<td>
<?php
    $counter=file_get_contents("file.txt");     //读取文本文件
    $length=strlen($counter);                   //获取文本文件的长度
    $page_count=ceil($length/$char_size);       //计算总页数
    $c=msubstr($counter,0,($_GET['page']-1)* $char_size);
    $c1=msubstr($counter,0,$_GET['page']* $char_size);
    echo substr($c1,strlen($c),strlen($c1)-strlen($c));
?>
</td>
</tr>
<tr>
<td>
<p align="center">页次: <?php  echo $_GET["page"]; ?>
    / <?php echo $page_count;?> 页     分页:
<?php
   if($_GET['page']){
       echo  "<a href=fenye.php?page=1>首页</a> ";
       echo "<a href=fenye.php?page=".($_GET['page']-1).">上一页
           </a> ";
   }
  if($_GET['page']<$page_count){
       echo "<a href=fenye.php?page=".($_GET['page']+1).">下一页
           </a> ";
       echo  "<a href=fenye.php?page=".$page_count.">尾页</a>";
   }
?>
</td>
```

```
</tr>
</table>
</body>
</html>
```

本 章 小 结

本章详细介绍了字符串操作的相关函数，包括获取字符串的长度函数、截取字符串函数、替换字符串函数、比较字符串函数、连接和分割字符串函数等。

习　　题

1. 计算如图 6-25 所示提交文字的长度。

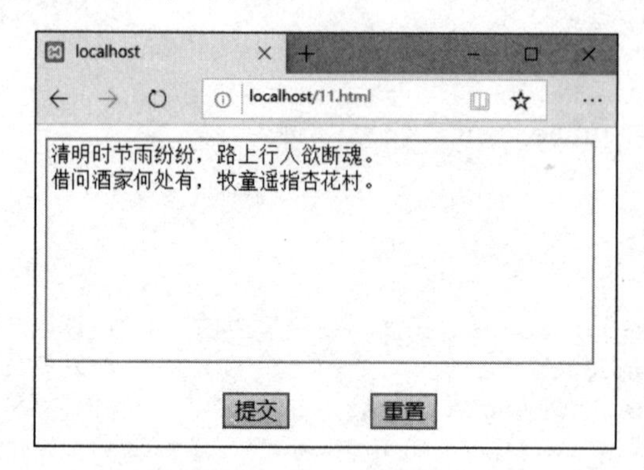

图 6-25　提交文字

2. 实现字符串的反转功能。
3. 编写程序，获取文件的扩展名。如文件 register.log 的扩展名为.log。

第7章

PHP与Web页面交互

本章要点

- PHP 程序中表单数据采集的方法

学习目标

- 掌握 PHP 程序中数据采集的方法

7.1 表单数据采集

7.1.1 表单

1. 表单属性

表单常用的属性有 name、id、title、action、method、enctype 等。表单属性的描述如表 7-1 所示。

表 7-1 表单属性

属　性	说　明
name	表单的名称
id	表单的 id 号
title	表单的标题
method	表单数据提交的方式，包括 GET 和 POST 两种方式，默认为 GET
action	表单中的数据“提交”的目的地址。若为空，则提交给当前文件
enctype	设置提交表单数据时的编码方式，包括 multipart/form-data 和 application/x-www-form-urlencoded。若表单中存在文件上传框，必须将 enctype 属性设置为 multipart/form-data
target	用来指定目标窗口

2. 创建表单

使用 HTML 标签<form>和</form>来创建表单的开始和结束位置，其中可以包含若干个元素。

【实例 7-1】编辑 my_form.html 文件，在该文件中创建表单标签。

```
<meta http-equiv="Content-Type" content="text/html; charset=gb2312" />
<form title="我的表单" method="POST" action="">
  我的表单
</form>
```

该文件的运行结果如图 7-1 所示。

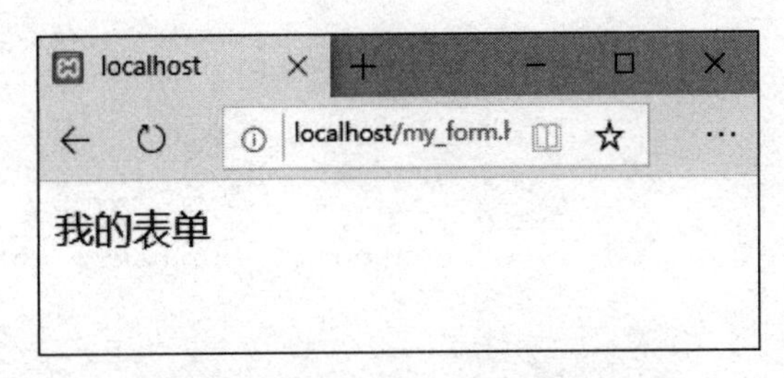

图 7-1　实例 7-1 表单标签的运行结果

7.1.2　表单控件

表单创建完成后，就可以在表单标签<form>和</form>之间添加表单控件来采集浏览器的数据。表单控件包括文本框、文本域、复选框、单选按钮、下拉列表框和文件上传框等。

1. 文本框

文本框是一种让用户输入内容的表单控件，通常用来输入简单的单行信息，如用户名、邮箱地址、登录密码等。

代码格式：

```
<input type="text" name="…" size="…" maxlength="…" value="…" />
```

文本框的属性说明如表 7-2 所示。

表 7-2　文本框的属性

属　性	说　明
type	定义文本框的类型，值可以取 text、password。若为 text，则显示输入的内容；若为 password，则输入的内容均显示为“*”，一般用于输入登录密码
name	文本框的名称
size	定义文本框的宽度，默认为 20
maxlength	定义输入字符的最大数量
value	文本框显示的初始值

【实例 7-2】 PHP 程序采集文本框的数据。

创建静态网页文件 text.html，在文件中创建表单标签，并在表单标签内添加两个文本框控件。文本框控件的属性如表 7-3 所示。

表 7-3　实例 7-3 中文本框控件的属性

属　性	文本框 1	文本框 2
type	text	password
name	login_name	login_password
size	20	20
maxlength	20	20

text.html 文件代码如下：

```
<html>
<head>
<meta http-equiv="Content-Type" content="text/html; charset=gb2312" />
</head>
<body>
<form method="POST" action="login.php">
    <p>用户名：<input type="text" name="login_name" size="20"
        maxlength="20" /></p>
    <p>密码：<input type="password" name="login_password" size="20"
        maxlength="20" /></p>
    <p><input type="submit" value="提交" name="B1"><input type="reset"
        value="重置" name="B2"></p>
</form>
</body>
</html>
```

text.html 文件打开后，分别在两个文本框内输入用户名和密码，最后再单击“提交”按钮，如图 7-2 所示。

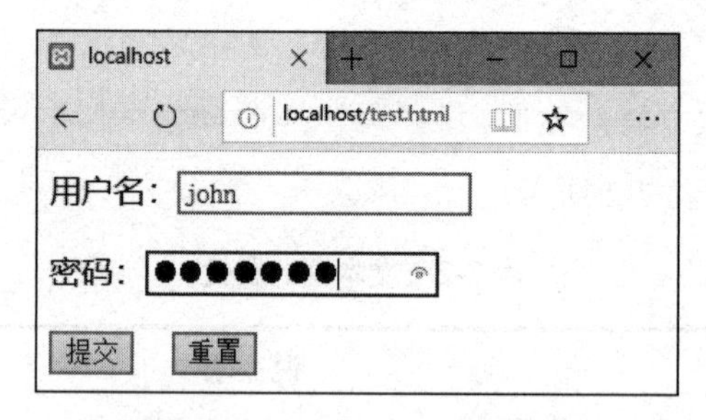

图 7-2　txt.html 文件显示结果

创建 login.php 文件，用于接收 text.html 文件中文本框控件的数据，程序代码如下：

```
<?php
    header("Content-Type:text/html;charset=gb2312");
    echo "用户名：",$_POST["login_name"],"<br>";
    echo "密码：",$_POST["login_password"],"<br>";
?>
```

text.html 文件提交后的运行结果如图 7-3 所示。

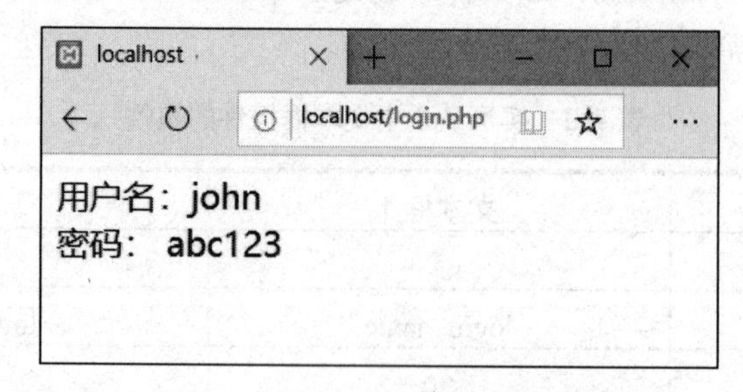

图 7-3　实例 7-2 数据提交结果

2. 文本域

文本域是一种多行的文本框，能够让用户输入较长的文字信息。代码格式如下：

```
<textarea name="…" cols="…"   rows="…" >content</textarea>
```

文本域的属性说明如表 7-4 所示。

表 7-4　文本域的属性

属　性	说　明
name	文本域的名称
cols	定义文本域的宽度
rows	定义文本域的高度
content	定义文本域显示的文字内容

【实例 7-3】PHP 程序采集文本域的数据。

创建静态网页文件 textarea.html，在文件中创建表单标签，并在表单标签内添加一个文本域控件。文本域控件的属性如表 7-5 所示。

表 7-5　实例 7-3 中文本域控件的属性

属　性	属 性 值
name	text
cols	20
rows	14

textarea.html 文件代码如下：

```
<html>
<head>
<meta http-equiv="Content-Type" content="text/html; charset=gb2312">
<title>文本域实例</title>
</head>
<body>
<form method="POST" action="show_text.php">
    <textarea  name="text" cols="60" rows="14"></textarea><br>
    <input type="submit" value="提交" name="B1"><input type="reset"
        value="重置" name="B2">
</form>
</body>
</html>
```

textarea.html 文件打开后，在文本域内输入字符，单击“提交”按钮，如图 7-4 所示。

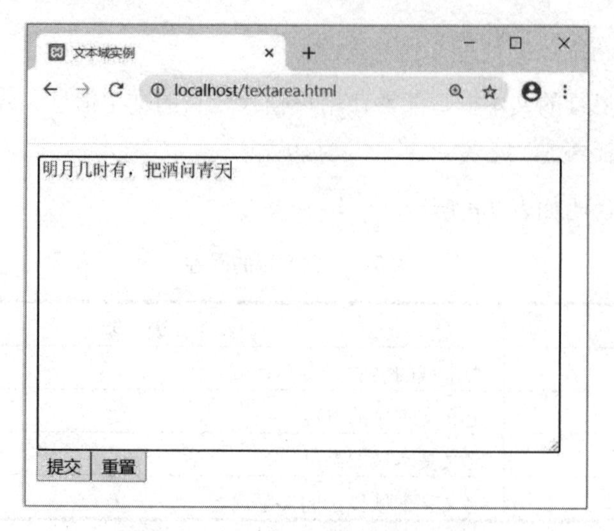

图 7-4　textarea.html 文件显示结果

创建 show_text.php，用于接收 textarea.html 文件中文本域控件的数据，程序代码如下：

```
<?php
    header("Content-Type:text/html;charset=gb2312");
    $content=$_POST["text"];
    echo $content;
?>
```

textarea.html 文件数据提交后，运行结果如图 7-5 所示。

图 7-5　实例 7-3 数据提交后的运行结果

3. 复选框

复选框用来在浏览器上为用户提供一些选项，用户可从中任意选择。其代码格式如下：

```
<input type="checkbox" name="…" value="…" [checked] />
```

复选框的属性说明如表 7-6 所示。

表 7-6　复选框的属性

属　性	说　明
name	定义复选框的名称
value	定义复选框的值
checked	可选。定义初始状态下复选框是否被选中

【**实例 7-4**】PHP 程序采集复选框的数据。

创建网页文件 checkbox.html，在文件中创建表单标签，并在表单标签内添加三个复选框控件。复选框控件的属性如表 7-7 所示。

表 7-7　实例 7-4 中复选框控件的属性

属　性	复选框 1	复选框 2	复选框 3
name	chk1	chk2	chk3
value	音乐	旅游	体育

checkbox.html 文件代码如下：

```
<html>
<head>
<meta http-equiv="Content-Type" content="text/html; charset=gb2312">
<title>复选框实例</title>
</head>
<body>
<form method="POST" action="show_checkbox.php">
    <input type="checkbox" name="chk1" value="音乐">音乐<p>
    <input type="checkbox" name="chk2" value="旅游">旅游<p>
    <input type="checkbox" name="chk3" value="体育">体育<p>
    <input type="submit" value="提交" name="B1">
<input type="reset" value="重置" name="B2">
</form>
</body>
</html>
```

checkbox.html 文件打开后在复选框间任意选择，最后再单击“提交”按钮，如图 7-6 所示。

图 7-6　checkbox.html 文件显示结果

创建 show_checkbox.php，用于接收 checkbox.html 中复选框控件 chk1、chk2、chk3 的数据，程序代码如下：

```
<?php
   header("Content-Type:text/html;charset=gb2312");
   if(isset($_POST["chk1"]))        //判断是否传递了 chk1 的值
      echo "你选择了" , $_POST["chk1"] , "<br>";
   if(isset($_POST["chk2"]))       //判断是否传递了 chk2 的值
```

```
        echo "你选择了" , $_POST["chk2"] , "<br>";
    if(isset($_POST["chk3"]))       //判断是否传递了 chk3 的值
        echo "你选择了" , $_POST["chk3"] , "<br>";
?>
```

checkbox.html 文件数据提交后的运行结果如图 7-7 所示。

图 7-7　实例 7-4 数据提交后的运行结果

提示：
- 由于用户可以任意选择复选框项目，因此在 PHP 程序中要想接收复选框的值，需要使用 isset()函数判断复选框的值是否被传递过来。
- isset($var)函数用来判断变量$var 是否被设置过。若变量不存在，则返回 FALSE；若变量存在且其值为 NULL，也返回 FALSE；若变量存在且值不为 NULL，则返回 TRUE。

选择项目比较多的时候，复选框也可以采用数组命名的方式来传递值。

【实例 7-5】复选框以数组命名的方式来传递数据。

创建网页文件 checkbox.html，在文件中创建表单标签，并在表单标签内添加三个复选框控件。复选框控件的属性如表 7-8 所示。

表 7-8　实例 7-5 中复选框控件的属性

属　性	复选框 1	复选框 2	复选框 3
name	chk[]	chk[]	chk[]
value	音乐	旅游	体育

checkbox.html 文件代码如下：

```
<html>
<head>
<meta http-equiv="Content-Type" content="text/html; charset=gb2312">
<title>复选框实例</title>
</head>
<body>
<form method="POST" action="show_checkbox.php">
<input type="checkbox" name="chk[]" value="音乐">音乐<p>
<input type="checkbox" name="chk[]" value="旅游">旅游<p>
<input type="checkbox" name="chk[]" value="体育">体育<p>
<input type="submit" value="提交" name="B1">
<input type="reset" value="重置" name="B2">
</form>
```

```
</body>
</html>
```

创建 show_checkbox.php，用于接收 checkbox.html 中复选框控件的数据，程序代码如下：

```
<?php
    header("Content-Type:text/html;charset=gb2312");
    for($i=0;$i<count($_POST["chk"]);$i++){
        echo "你选择了" , $_POST["chk"][$i] , "<br>";
    }
?>
```

4. 单选按钮

单选按钮可以让用户在若干个选项中选择其中一个项目。其代码格式如下：

```
<input type="radio" name="…" value="…" [checked] />
```

单选按钮的属性说明如表 7-9 所示。

表 7-9　单选按钮的属性

属　性	说　明
name	定义单选按钮的名称
value	定义单选按钮的值
checked	可选。定义初始状态下单选按钮是否被选中

【实例 7-6】PHP 程序采集单选按钮的数据。

创建网页文件 radio.html，在文件中创建表单标签，并在表单标签内添加三个单选按钮控件。单选按钮控件的属性如表 7-10 所示。

表 7-10　实例 7-6 中单选按钮控件的属性

属　性	单选按钮 1	单选按钮 2	单选按钮 3
name	radio1	radio1	radio1
value	北京	上海	广州

radio.html 文件代码如下：

```
<html>
<head>
<meta http-equiv="Content-Type" content="text/html; charset=gb2312">
<title>单选按钮实例</title>
</head>
<body>
<form method="POST" action="show_radio.php">
<input type="radio" name="radio1" value="北京">北京<p>
<input type="radio" name="radio1" value="上海">上海<p>
<input type="radio" name="radio1" value="广州">广州<p>
```

```
<input type="submit" value="提交" name="B1">
<input type="reset" value="重置" name="B2">
</form>
</body>
</html>
```

radio.html 文件打开后在单选按钮间任选一项，单击“提交”按钮，如图 7-8 所示。

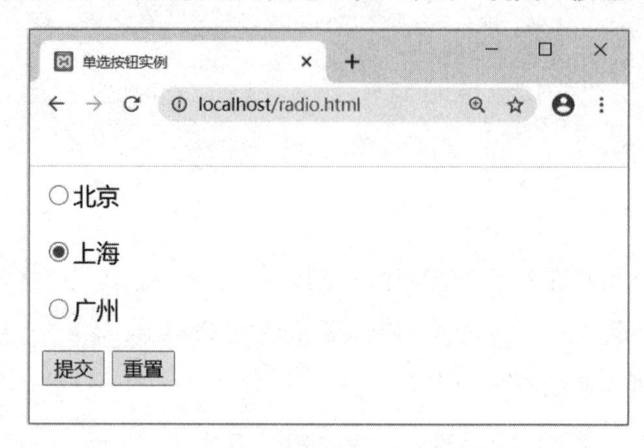

图 7-8　radio.html 文件显示结果

创建 show_radio.php，用于接收 radio.html 中单选按钮控件的数据，程序代码如下：

```
<?php
  header("Content-Type:text/html;charset=gb2312");
  if(isset($_POST["radio1"]))
     echo "你选择了" , $_POST["radio1"] , "<br>";
?>
```

radio.html 文件数据提交后的运行结果如图 7-9 所示。

图 7-9　实例 7-6 数据提交后的运行结果

提示：
- 具有相同名称的单选按钮为一组，一组单选按钮中只能选择一项。
- 若初始状态下有一个单选按钮处于选中状态，则在 PHP 程序中可以不使用 isset()函数；若初始状态下没有单选按钮处于选中状态，则在 PHP 程序中必须使用 isset()函数来判断单选按钮的值是否被传递过来。

5. 下拉列表框

下拉列表框是让用户在一系列下拉列表选项中选择项目的控件，分为单选下拉列表框和多选下拉列表框。其代码格式如下：

```
<select name="…" size="…" [multiple]>
    <option value="…" [selected]>…</option>
    <option value="…" >…</option>
    …
</select>
```

下拉列表框的属性说明如表 7-11 所示。

表 7-11　下拉列表框的属性

属　性	说　明
name	定义下拉列表框的名称
size	定义下拉列表框的高度
multiple	可选。定义下拉列表框是单选还是多选，默认为单选。当为多选时，在按住 Ctrl 键的同时，单击选择项可进行多选，或者按住 Shift 键单击连续多选
value	定义下拉列表框中每个选项的值，若没有定义该属性，则选项的值为<option>和</option>之间的内容
selected	可选。定义下拉列表框的选项在初始状态下是否为选中状态，一个下拉列表框中只能有一个选项处于选中状态

【实例 7-7】用 PHP 程序采集下拉列表框的数据。

创建网页文件 list.html，在文件中创建表单标签，并在表单标签内添加一个下拉列表框控件。下拉列表框控件的属性如表 7-12 所示。

表 7-12　实例 7-7 中下拉列表框控件的属性

属　性	属 性 值
name	list1
size	5
value	Visual Basic、PHP、C 语言

list.html 文件代码如下：

```
<html>
<head>
<meta http-equiv="Content-Type" content="text/html; charset=gb2312">
<title>下拉列表框实例</title>
</head>
<body>
<form  method="POST" action="show_list.php">
<select size="5" name="list1" >
    <option value="Visual Basic">Visual Basic</option>
    <option value="PHP">PHP</option>
    <option value="C 语言">C 语言</option>
</select></br>
<input type="submit" value="提交" name="B1">
<input type="reset" value="重置" name="B2">
```

```
</form>
</body>
</html>
```

list.html 文件打开后在下拉列表框中任选一项，单击“提交”按钮，如图 7-10 所示。

图 7-10　list.html 文件显示结果

创建 show_list.php，用于接收 list.html 中下拉列表框控件的数据，程序代码如下：

```
<?php
    header("Content-Type:text/html;charset=gb2312");
    echo "你选择了" , $_POST["list1"] , "<br>";
?>
```

list.html 文件数据提交后的运行结果如图 7-11 所示。

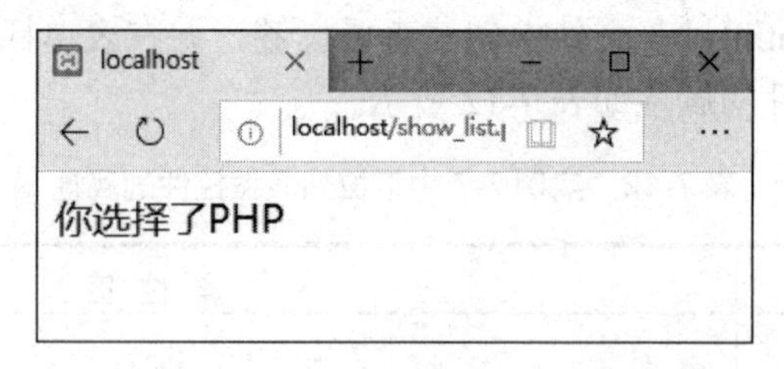

图 7-11　实例 7-7 数据提交后的运行结果

提示：　当下拉列表框为多选时，可以将下拉列表框的 name 属性定义为数组形式。在 PHP 程序中采用数组的方式采集下拉列表框中的数据，此时 list.html 文件中下拉列表框的定义语句可以写为

```
<select size="5" name="list1[]" multiple>
```

则 show_list.php 中的 PHP 程序代码可以写为

```
<?php
    header("Content-Type:text/html;charset=gb2312");
    echo "你选择了：<br/>";
    for($i=0;$i<count($_POST["list1"]);$i++)
        echo $_POST["list1"][$i] , "<br>";
?>
```

6. 文件上传框

文件上传框是用户在上传文件时用来选择文件的控件。其代码格式如下：

```
<input type="file" name="…" size="…" maxlength="…" />
```

文件上传框的属性说明如表 7-13 所示。

表 7-13　文件上传框的属性

属　性	说　明
name	定义文件上传框的名称
size	可选。定义文件上传框的宽度
maxlength	可选。定义文件上传框最多输入的字符数

【实例 7-8】用 PHP 程序采集文件上传框的数据。

创建网页文件 file.html，在文件中创建表单标签，并在表单标签内添加一个文件上传框控件。文件上传框控件的属性如表 7-14 所示。

表 7-14　实例 7-8 中文件上传框控件的属性

属　性	说　明
name	my_file
size	40
maxlength	100

file.html 文件代码如下：

```
<html>
<head>
<meta http-equiv="Content-Type" content="text/html; charset=gb2312">
</head>
<body>
<form  method="POST" action="show_file.php" >
     <input type="file" name="my_file" size="40" maxlength="100"></br>
     <input type="submit" value="提交" name="B1">
     <input type="reset" value="重置" name="B2">
</form>
</body>
</html>
```

file.html 文件打开后，单击“浏览”按钮，选择好文件，最后再单击“提交”按钮，如图 7-12 所示。

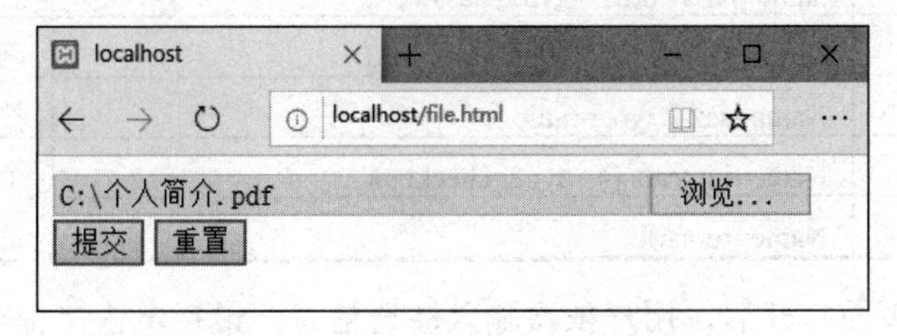

图 7-12　file.html 文件的显示结果

创建 show_file.php，用于接收 file.html 中文件上传控件的数据，程序代码如下：

```
<?php
    header("Content-Type:text/html;charset=gb2312");
    echo "你选择的文件是：<br>";
    echo $_POST["my_file"];
?>
```

file.html 文件数据提交后的运行结果如图 7-13 所示。

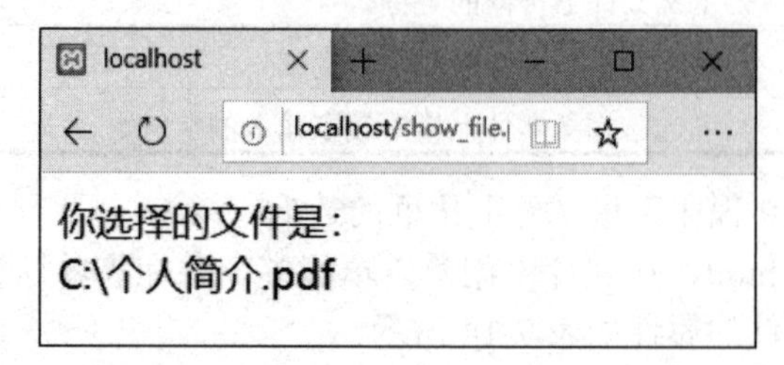

图 7-13　实例 7-8 数据提交后的运行结果

提示：
- 每个文件上传框只能选择一个文件。
- 使用文件上传框上传文件时，表单标签<form> 的 enctype 属性值必须设置为 multipart/form-data，method 属性必须设置为 POST 提交方式，即

```
<form method="POST" enctype="multipart/form-data" action="">
```

PHP 程序上传文件的代码将在第 12 章中详细列出。

7.2　综合实训案例

本节主要介绍用户注册页面的设计方法和步骤。

1. 分析

创建静态网页文件 register.html，包含一个 form 表单，添加用于注册信息的控件，控件的属性如表 7-15 所示。

表 7-15　注册信息控件的属性

控件类型	属　性	说　明
文本框	name=user_name　type=text	用户名称
文本框	name=password1　type=password	登录密码
文本框	name=password2　type=password	确认密码
单选按钮	Name=sex　type=radio	性别
复选框	Name=interests[]　type=checkbox	个人爱好
文本域	Name=remark	备注

register.html 页面打开后，用户依次输入注册信息，最后单击“提交”按钮即可，如图 7-14 所示。

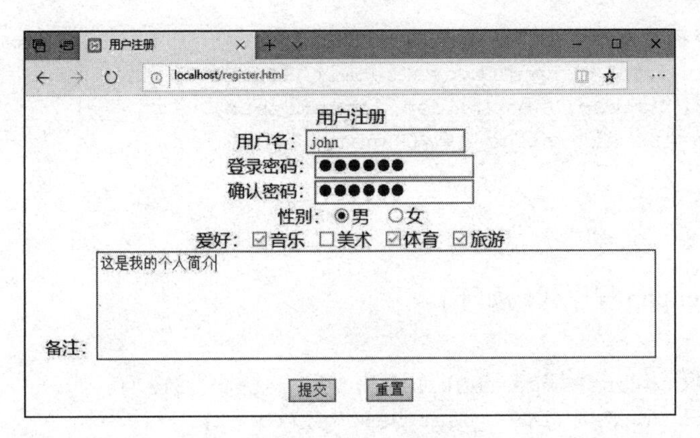

图 7-14　用户注册信息

创建 PHP 程序文件 upload_register.php，用来接收 register.html 页面传递过来的数据。程序运行结果如图 7-15 所示。

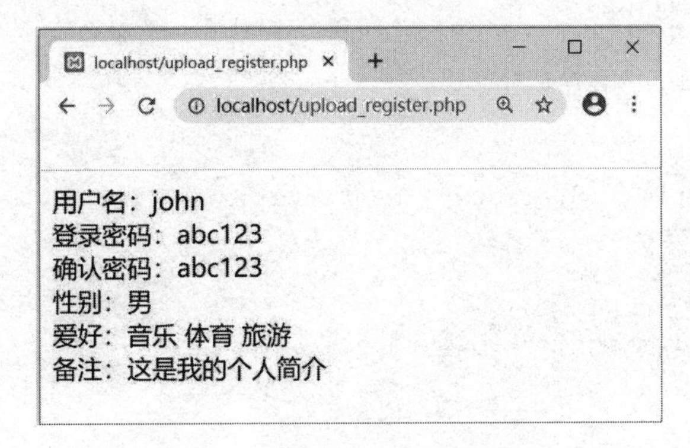

图 7-15　PHP 程序接收的提交数据

2. 程序代码

register.html 程序代码如下：

```
<html>
<head>
<meta http-equiv="Content-Type" content="text/html; charset=gb2312">
<title>用户注册</title>
</head>
<body>
<form action ="upload_register.php" method =post >
<p align="center">用户注册<br/>
用户名：<input type="text" name="user_name" size="20"><br/>
登录密码：<input type="password" name="password1" size="20"><br/>
确认密码：<input type="password" name="password2" size="20"><br/>
性别：<input type="radio" value="男" name="sex">男  
    <input type="radio" value="女" name="sex" >女<br/>
爱好：<input type="checkbox" name="interests[]" value="音乐">音乐 
    <input type="checkbox" name="interests[]" value="美术">美术 
    <input type="checkbox" name="interests[]" value="体育">体育 
    <input type="checkbox" name="interests[]" value="旅游">旅游<br/>
```

```
备注：<textarea rows="6" name="remark" cols="74"></textarea><br/>
<p align="center"><input type="submit" value="提交"
   name="B1">     
<input type="reset" value="重置" name="B2"><br/>
</form>
</body>
</html>
```

upload_register.php 程序代码如下：

```
<?php
   header("Content-Type:text/html;charset=gb2312");
   echo "用户名：",$_POST["user_name"],"<br>";
   echo "登录密码：",$_POST["password1"],"<br>";
   echo "确认密码：",$_POST["password2"],"<br>";
   if(isset($_POST["sex"])){
      echo "性别：",$_POST["sex"],"<br>";
   }
   else{
     echo "性别：未选择！","<br>";
   }
   echo "爱好：";
   foreach($_POST["interests"] as $interest){
     echo $interest," ";
   }
   echo "<br>";
   echo "备注：",$_POST["remark"],"<br>";
?>
```

本 章 小 结

本章主要介绍了 HTML 表单、表单控件的属性及应用方法，以及在 PHP 中获取表单控件数据的方法。

习　　题

1. 编写程序，接收如图 7-16 所示页面传递的文本框信息。

图 7-16　文本框信息

2. 编写程序，接收如图 7-17 所示页面传递的单选按钮信息。

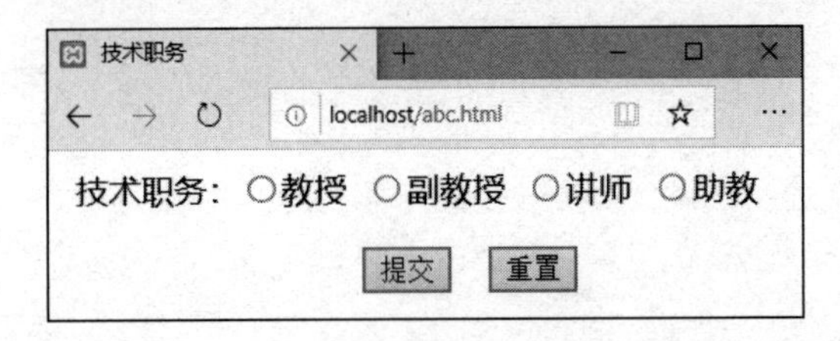

图 7-17　单选按钮信息

3. 编写程序，接收如图 7-18 所示页面传递的复选框信息。

图 7-18　复选框信息

4. 编写程序，接收如图 7-19 所示页面传递的下拉列表框信息。

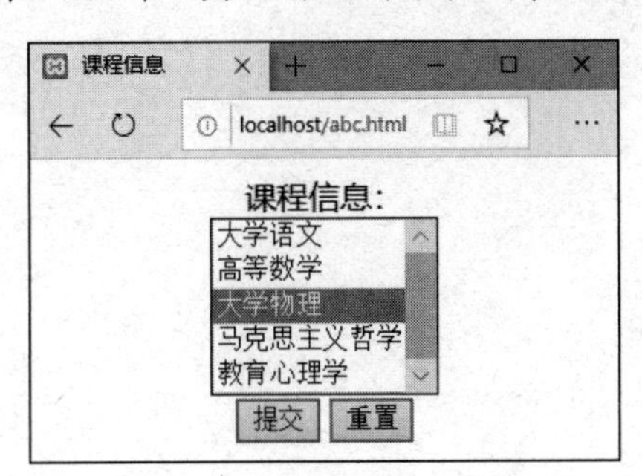

图 7-19　下拉列表框信息

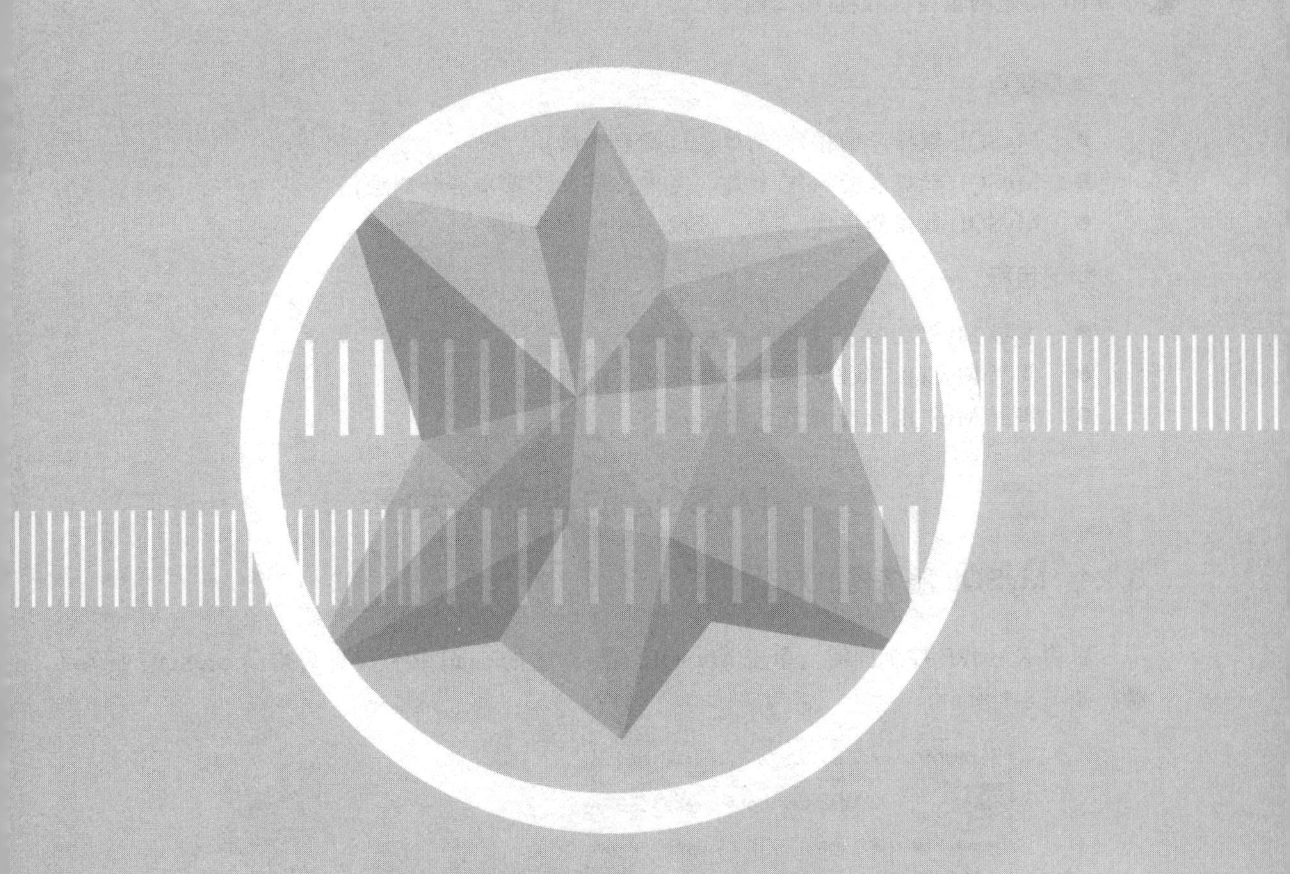

第 8 章

MySQL 数据库

本章要点

- MySQL 数据库的操作(创建、选择和删除)
- MySQL 数据表的操作(创建、查看、修改、重命名和删除)
- MySQL 数据的操作(添加、修改、删除和查询)

学习目标

- 掌握 MySQL 数据库操作的相关命令
- 掌握 MySQL 数据表操作的相关命令
- 掌握 MySQL 数据操作的相关命令

8.1 MySQL 的启动和关闭

8.1.1 MySQL 服务器的启动

启动 XAMPP 控制面板，单击 MySQL 右侧对应的 Start 按钮，即可启动 MySQL 服务器，如图 8-1 所示。

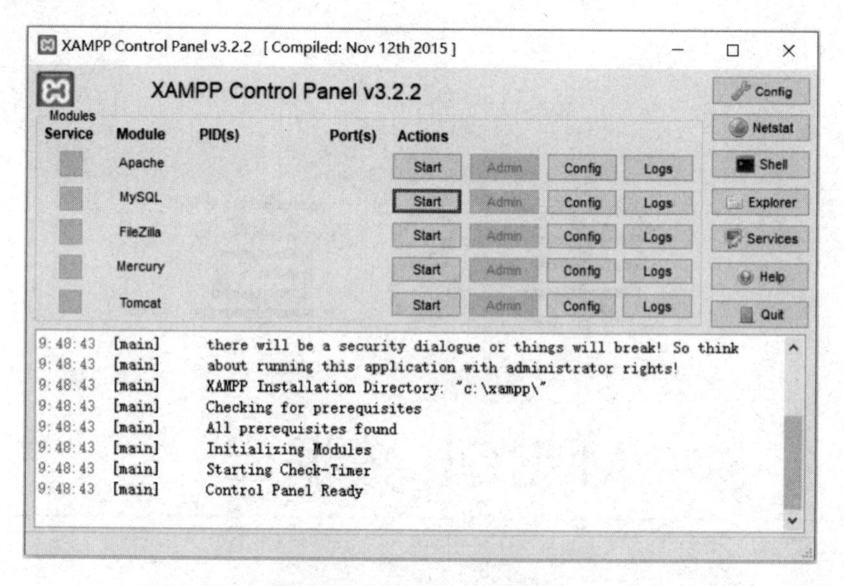

图 8-1 启动 MySQL 服务器

8.1.2 连接 MySQL 服务器

MySQL 服务器启动后，就可以连接 MySQL 服务器。可以在 PHP 程序中通过程序命令来连接 MySQL 服务器，也可以使用命令行来实现。下面主要介绍如何使用命令行来连接 MySQL 服务器。

命令行连接 MySQL 服务器的命令格式如下：

```
mysql -u user -h host -p password
```

此命令中的三个参数应由用户提供。

- user：登录 MySQL 服务器的用户名。
- host：MySQL 服务器的地址。
- password：登录 MySQL 服务器的密码。

在 XAMPP 控制面板上单击右侧的 Shell 按钮，在弹出的窗口中输入以下命令：

```
mysql -u root -h localhost
```

即可成功连接 MySQL 服务器，如图 8-2 所示。

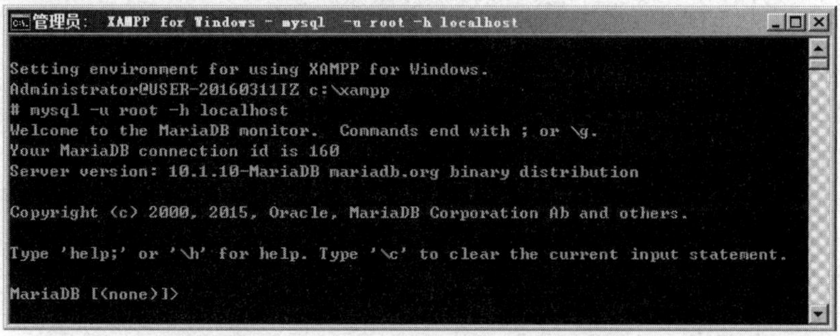

```
管理员:  XAMPP for Windows - mysql  -u root -h localhost

Setting environment for using XAMPP for Windows.
Administrator@USER-20160311IZ c:\xampp
# mysql -u root -h localhost
Welcome to the MariaDB monitor.  Commands end with ; or \g.
Your MariaDB connection id is 160
Server version: 10.1.10-MariaDB mariadb.org binary distribution

Copyright (c) 2000, 2015, Oracle, MariaDB Corporation Ab and others.

Type 'help;' or '\h' for help. Type '\c' to clear the current input statement.

MariaDB [(none)]>
```

图 8-2　命令行连接 MySQL 服务器

提示： XAMPP 系统集成的 MySQL 服务器默认没有设置登录密码，因而命令行连接 MySQL 服务器时无须使用-p 参数。为了安全起见，建议用户自行设置 MySQL 服务器的登录密码。

8.1.3　关闭 MySQL 服务器

在 XAMPP 控制面板上，单击 MySQL 右侧对应的 Stop 按钮，即可关闭 MySQL 服务器。

8.2　字　符　集

8.2.1　字符集简介

字符(Character)是各种文字和符号的总称，包括各个国家的文字、标点符号、图形符号、数字等。字符集(Character Set)是多个字符的集合，种类较多，每个字符集包含的字符个数不同。常见的字符集有 ASCII 字符集、GB2312 字符集、UTF-8 字符集、Unicode 字符集等。计算机要准确地处理各种字符集文字，需要进行字符编码，以便计算机能够识别和存储各种文字。

8.2.2　MySQL 字符集

MySQL 字符集常见的有 ASCII 字符集、GB 2312/GBK 字符集、Unicode 字符集、UTF-8 字符集等。

1．ASCII 字符集

ASCII(American Standard Code for Information Interchange，美国标准信息交换代码表)是由美国国家标准学会(American National Standard Institute，ANSI)制定的标准的单字节字符编码方案，用于基于文本的数据。ASCII 是基于拉丁字母的一套电脑编码系统，主要用于显示现代英语和其他西欧语言，是现今通用的单字节编码系统。

ASCII 码使用指定的 7 位或 8 位二进制数组合来表示 128 或 256 种可能的字符。标准 ASCII 码也叫基础 ASCII 码，使用 7 位二进制数来表示所有的大小写字母，数字 0～9，标点符号，以及在美式英语中使用的特殊控制字符。

2．GB 2312/GBK 字符集

GB 2312 是中华人民共和国国家汉字信息交换用编码，全称为《信息交换用汉字编码字符集等基本集》(GB 2312—1980)，1980 年由国家标准总局发布。基本集共收入汉字 6763 个和非汉字图形字符 682 个，通行于中国大陆，新加坡等地也使用此编码。GBK 是对 GB 2312 的扩展，它包含 2 万多个字符，除了保持与 GB 2312 的兼容外，还扩充了部分 Unicode 中没有的字符。

3．Unicode 字符集

Unicode 字符集(Universal Multiple-Octet Coded Character)，是一个名为 Unicode 学术学会(Unicode Consortium)机构制定的字符编码系统，支持目前各种不同语言的处理及显示。Unicode 为每种语言中的字符设定了统一而且唯一的二进制编码，满足了跨语言、跨平台进行文本转换和处理的需求。

4．UTF-8 字符集

UTF-8(8-bit Unicode Translation Format)是一种针对 Unicode 的可变长度字符编码，又称万国码，是 Unicode 的一种使用方式。UTF-8 用 1～4 个字节编码 Unicode 字符。在网页上可以在同一页面中显示中文简体、繁体及其他语言(如日文、韩文)。

UTF-8 以字节为单位对 Unicode 进行编码。从 Unicode 到 UTF-8 的编码方式如表 8-1 所示。

表 8-1 Unicode 和 UTF-8 编码方式

Unicode 编码(十六进制)	UTF-8 字节流(二进制)
000000 - 00007F	0xxxxxxx
000080 - 0007FF	110xxxxx 10xxxxxx
000800 - 00FFFF	1110xxxx 10xxxxxx 10xxxxxx
010000 - 10FFFF	11110xxx 10xxxxxx 10xxxxxx 10xxxxxx

UTF-8 的特点是针对不同范围的字符使用不同长度的编码。对于 0x00～0x7F 之间的字符，UTF-8 编码与 ASCII 编码完全相同。UTF-8 编码的最大长度是 4B。从表 8-1 中可以看出，4B 模板可以容纳 21 位二进制数字。

MySQL 字符集中的各项系统变量说明如下。

- character_set_server：MySQL 服务器的字符集。
- character_set_client：客户端来源数据使用的字符集。
- character_set_connection：连接层字符集。
- character_set_database：当前选中数据库的字符集。
- character_set_results：操作结果集的默认字符集。
- character_set_system：元数据(字段名、表名、数据库名等)字符集。

8.2.3　MySQL 中字符集的转换过程

MySQL 服务器在运行过程中，客户端和服务器端要进行字符集的转换。MySQL 中字符集的转换过程如图 8-3 所示。

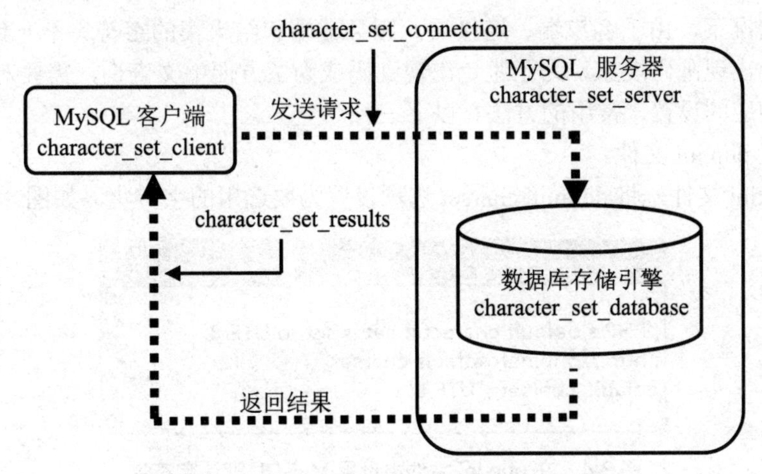

图 8-3　MySQL 服务器中字符集的转换过程

说明：

- 进入 XAMPP Shell 窗口，连接 MySQL，此时客户端的字符集为 character_set_client 定义的字符集。
- 在 XAMPP Shell 窗口中输入 MySQL 命令或 SQL 语句，则向 MySQL 服务器发送请求数据，此时需要将客户端的请求数据从 character_set_client 字符集转换为服务器连接的 character_set_connection 字符集。
- MySQL 服务器收到 MySQL 客户端发来的请求数据后，需要将这些请求数据从服务器连接的 character_set_connection 字符集转换到 MySQL 服务器的 character_set_server 字符集。

提示： 若没有设置 MySQL 服务器的 character_set_server 字符集，则使用对应数据库设定的字符集。

- 若 MySQL 命令或 SQL 语句是针对数据库进行操作的，则需要将请求数据从 MySQL 服务器的 character_set_server 字符集转换到该数据库的 character_set_database 字符集。

提示： 若没有设定该数据库的 character_set_database 字符集，则使用对应数据表设定的字符集。

- MySQL 命令或 SQL 语句执行完毕后，将执行结果由数据库的 character_set_database 字符集转换到 MySQL 服务器的 character_set_server 字符集。
- 将执行结果沿着已打开的 MySQL 连接，从 MySQL 服务器的 character_set_server 字符集转换到 character_set_results 字符集。
- 将操作结果从 character_set_results 字符集转换到 character_set_client 字符集，将结果显示到客户端。

8.2.4 MySQL 字符集的设置

在某些情况下，由于客户端、连接层、服务器端和结果集的字符集不一致，导致使用中文查询时会出现乱码现象。为了避免出现乱码或为了方便中文查询，需要对 MySQL 的字符集进行相应的设置，常用的方法有以下三种。

(1) 设置 php.ini 文件。

打开 php.ini 文件，将 default_charset 选项设置为要选用的字符集，如图 8-4 所示。

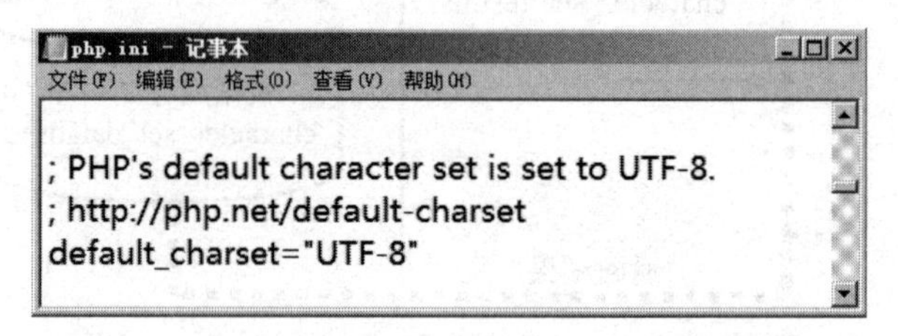

图 8-4 在 php.ini 文件中设置 MySQL 默认字符集

(2) 用 mysqli_query()函数设置字符集。

mysqli_query()函数的语法格式为

```
mysqli_query(resource conn,string str)
```

参数说明如表 8-2 所示。

表 8-2 mysqli_query()函数的参数说明

参 数	含 义
conn	MySQL 服务器连接标识符
str	字符集设置命令格式为 set names charset。如要设置为简体中文字符集，可以写为 set names gb2312

函数功能：一次性设置 character_client、character_set_connection 和 character_set_results 字符集。其中 set names x 语句等价于以下三条语句：

```
set character_set_client = x;
set character_set_connection = x;
set character_set_results = x;
```

(3) 使用 MySQL 命令设置字符集。

打开 XAMPP Shell 窗口，输入 MySQL 命令设置字符集。例如：

```
Set character_set_client=gb2312;
Set character_set_connection=gb2312;
Set character_set_database=gb2312;
Set character_set_sever=gb2312;
Set character_set_results=gb2312;
```

设置完后，可以使用 MySQL 命令“show variables like 'character%';”查看 MySQL 当前的字符集。

8.3　操作数据库

下面介绍关于 MySQL 数据库的相关操作，包括数据库的查看、创建、选择和删除等。

8.3.1　查看数据库

利用 SHOW 显示已有的数据库，其语法格式如下：

```
SHOW DATABASES [LIKE wild]
```

如果使用 LIKE wild 部分，wild 字符串可以是一个使用 SQL 的“%”和“_”通配符的字符串。

功能：SHOW DATABASES 用于列出 MySQL 服务器上的数据库信息。

【实例 8-1】显示当前 MySQL 服务器上的数据库信息。

进入 XAMPP Shell 窗口，先连接 MySQL 服务器，再输入命令：

```
show databases;
```

显示结果如图 8-5 所示。

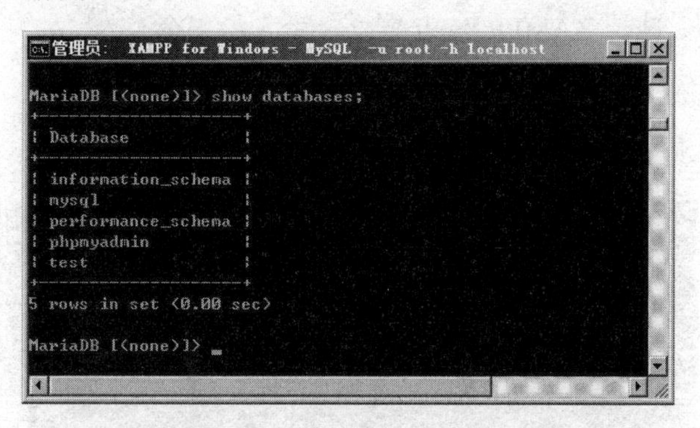

图 8-5　使用 show databases 命令查看数据库信息

【实例 8-2】显示以“t”开头命名的数据库信息。

进入 XAMPP Shell 窗口，连接 MySQL 服务器以后，输入命令：

```
show databases like 't%';
```

查询结果如图 8-6 所示。

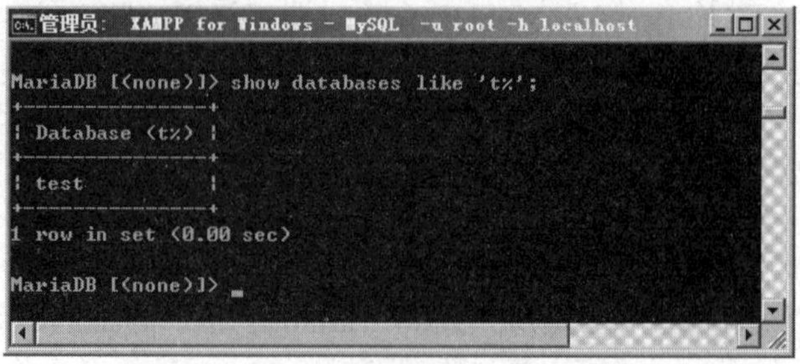

```
管理员: XAMPP for Windows - MySQL  -u root -h localhost
MariaDB [(none)]> show databases like 't%';
+---------------+
| Database (t%) |
+---------------+
| test          |
+---------------+
1 row in set (0.00 sec)

MariaDB [(none)]> _
```

图 8-6 查看以“t”开头命名的数据库信息

8.3.2 创建数据库

利用 CREATE DATABASE 创建数据库，其语法格式如下：

```
CREATE DATABASE db_name
```

功能：创建以 db_name 命名的数据库。

【实例 8-3】创建一个名为 bookmanage 的数据库。

```
Create Database bookmanage;
```

提示：

- 如果数据库已经存在、数据库的名称非法或者对创建的数据库文件夹没有足够的权限，都会在创建数据库时出现错误。
- MySQL 中的每一个数据库都对应于系统的一个文件夹。数据库在刚创建时没有包含任何数据表，因此可以理解为 CREATE DATABASE 语句只是在 MySQL 的数据库文件夹下创建了一个以数据库名称命名的新文件夹。据此原理，按照以下步骤也可以创建数据库。

  ① 进入 c:\xampp\mysql\data 文件夹下，创建文件夹 my_database。

  ② 进入 XAMPP Shell 窗口，输入以下命令

  ```
  show databases like 'my%';
  ```

  查看数据库的信息，结果如图 8-7 所示。

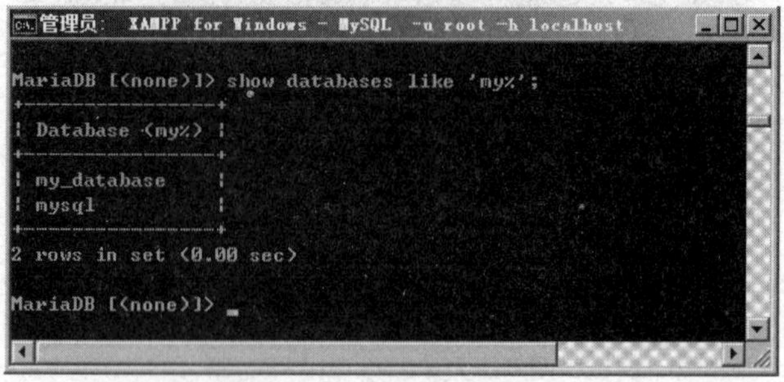

```
管理员: XAMPP for Windows - MySQL  -u root -h localhost
MariaDB [(none)]> show databases like 'my%';
+----------------+
| Database (my%) |
+----------------+
| my_database    |
| mysql          |
+----------------+
2 rows in set (0.00 sec)

MariaDB [(none)]> _
```

图 8-7 数据库查询信息

8.3.3　选择数据库

USE 语句用于选择一个数据库，并使其成为当前默认数据库，语法格式如下：

```
USE db_name
```

8.3.4　删除数据库

使用 DROP DATABASE 语句可以删除数据库，语法格式如下：

```
DROP DATABASE [IF EXISTS] db_name
```

功能：DROP DATABASE 可以删除数据库和数据库中的所有表。关键词 IF EXISTS 用于检测数据库是否存在。

【实例 8-4】创建一个名为 reader 的数据库，并查看该数据库，最后删除该数据库。

```
Create Database reader;
Show databases like 'r%';
drop database reader;
```

8.4　操作数据表

数据库创建完成后，就可以在该数据库下进行数据表的操作了。数据表的操作包括创建数据表、修改数据表和删除数据表。

8.4.1　创建数据表

使用 CREATE TABLE 语句可以创建数据表，语法格式如下：

```
CREATE [TEMPORARY] TABLE [IF NOT EXISTS] tbl_name[(create_definition,...)]
[table_options][select_statement]
```

CREATE TABLE 语句的参数说明如表 8-3 所示。

表 8-3　CREATE TABLE 语句的参数说明

参　数	说　明
TEMPORARY	该关键字表示创建一个临时表。如果与当前 MySQL 的连接关闭，则临时表会被 MySQL 自动删除
IF NOT EXISTS	该关键字用于避免数据表已存在时 MySQL 报告的错误
tbl_name	要创建的数据表的名称
create_ definition	数据表的列属性。MySQL 要求创建数据表时，至少要包含一列，详细内容见表 8-4
table_options	表的一些特性参数
select_statement	SELECT 语句描述部分

create_definition 的格式如下：

```
col_name type [NOT NULL|NULL][DEFAULT default_value]
[AUTO_INCREMENT][PRIMARY KEY][reference_definition]
```

create_definition 的参数说明如表 8-4 所示。

表 8-4　create_definition 的参数说明

参　数	说　明
col_name	字段名
type	字段类型
NOT NULL | NULL	指出该列是否为空值，系统一般默认为空值
DEFAULT default_value	默认值
AUTO_INCREMENT	表示是否为自动编号。每个表只能有一个 AUTO_INCREMENT 列，而且必须被索引
PRIMARY KEY	是否为主键。一个表只能有一个主键
reference_definition	字段的注释

【实例 8-5】 在 bookmanage 数据库中创建数据表 book，该表的字段信息如表 8-5 所示。

表 8-5　表 book 的字段信息

字　段	类型(长度)	含　义
bookid	VARCHAR(8)	图书编号
bookname	VARCHAR(60)	图书名称
editor	VARCHAR(8)	作者
price	FLOAT(5,0)	价格
publish	VARCHAR(30)	出版社
pubdate	DATE	出版日期
Kcl	INT(4)	库存量

进入 XAMPP Shell 窗口，依次输入以下命令：

```
use bookmanage;                          //打开数据库 bookmanage
create table book                        //创建数据表 book
 (
    bookid varchar(8),
    bookname varchar(60),
    editor varchar(8),
    price float(5,0),
    publish varchar(30),
    pubdate date,
    kcl int(4)
)default charset=utf8;                  //数据表的字符集为 utf-8
```

其创建数据表的过程如图 8-8 所示。

```
MariaDB [bookmanage]> use bookmanage;
Database changed
MariaDB [bookmanage]> create table book
    -> (
    -> bookid varchar(8),
    -> bookname varchar(60),
    -> editor varchar(8),
    -> price float(5,0),
    -> publish varchar(30),
    -> pubdate date,
    -> kcl int(4)
    -> )default charset=utf8;
Query OK, 0 rows affected (0.37 sec)

MariaDB [bookmanage]>
```

图 8-8　创建数据表 book

8.4.2　显示数据表的信息

利用 SHOW/ DESCRIBE 语句显示数据表的信息。

(1)　显示数据表的信息。

语法格式：

```
SHOW TABLES [FROM db_name] [LIKE wild]
```

功能：列出一个给定的数据库中的所有数据表。

【实例 8-6】显示 bookmanage 数据库中的所有数据表。

```
use bookmanage;
show tables ;
```

或者：

```
show tables from bookmanage;
```

查询结果如图 8-9 所示。

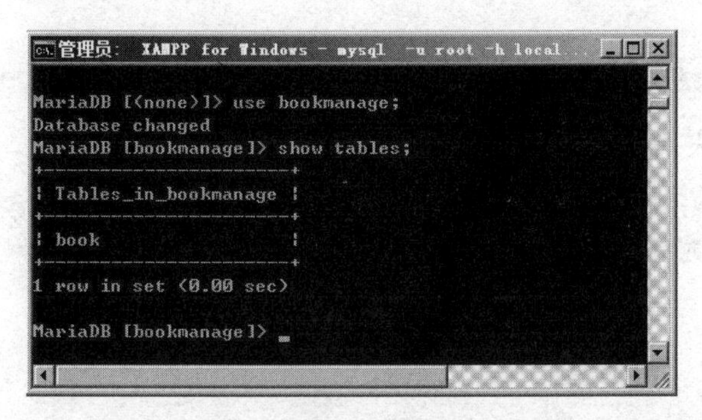

图 8-9　实例 8-6 的运行结果

(2)　显示数据表中字段的信息。

语法格式：

```
SHOW COLUMNS FROM tbl_name [FROM db_name] [LIKE wild]
```

功能：列出一个给定数据表中的所有字段及其类型。

其中，tbl_name [FROM db_name]可以使用 db_name.tbl_name 来代替。

【实例 8-7】显示 book 数据表中的所有字段。

```
use bookmanage;
show columns from book;
```

或者：

```
show columns from bookmanage.book;
```

运行结果如图 8-10 所示。

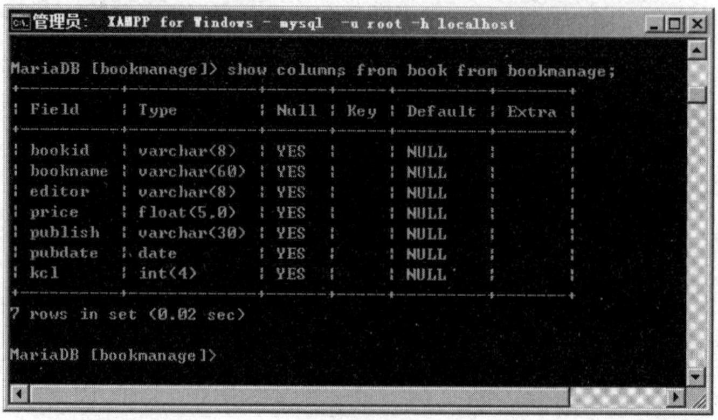

```
管理员: XAMPP for Windows - mysql -u root -h localhost

MariaDB [bookmanage]> show columns from book from bookmanage;
+----------+-------------+------+-----+---------+-------+
| Field    | Type        | Null | Key | Default | Extra |
+----------+-------------+------+-----+---------+-------+
| bookid   | varchar(8)  | YES  |     | NULL    |       |
| bookname | varchar(60) | YES  |     | NULL    |       |
| editor   | varchar(8)  | YES  |     | NULL    |       |
| price    | float(5,0)  | YES  |     | NULL    |       |
| publish  | varchar(30) | YES  |     | NULL    |       |
| pubdate  | date        | YES  |     | NULL    |       |
| kcl      | int(4)      | YES  |     | NULL    |       |
+----------+-------------+------+-----+---------+-------+
7 rows in set (0.02 sec)

MariaDB [bookmanage]>
```

图 8-10　实例 8-7 的运行结果

8.4.3　修改数据表

当应用环境和应用需求发生变化时，经常需要修改基本表的结构。使用 ALTER TABLE 语句可以修改数据表的结构。

(1)　增加列。

语法格式：

```
alter table tbl_name add col_name type
```

例如，为 book 表增加一列 weight：

```
use bookmanage;
alter table book add weight int;
```

(2)　删除列。

语法格式：

```
alter table tbl_name drop col_name
```

例如，删除列 weight：

```
use bookmanage;
alter table bookmanage.book drop weight;
```

(3)　修改列。

语法格式：

```
alter table tbl_name modify col_name type
```

或者：

```
alter table tbl_name change old_col_name col_name type
```

例如，修改列 weight 的类型：

```
use bookmanage;
alter table book modify weight smallint;
```

或者：

```
use bookmanage;
alter table book change weight smallint;
```

(4) 列更名。

语法格式：

```
alter table old_table_name change old_col_name col_name
```

例如，将列 weight 改为 zl：

```
alter table book change weight zl;
```

(5) 表更名。

语法格式：

```
alter table old_table_name rename new_table_name
```

例如，把 book 表更名为 ts：

```
use bookmanage;
alter table book rename ts;
```

8.4.4 删除数据表

利用 DROP TABLE 语句可以删除数据表，语法格式如下：

```
DROP TABLE [IF EXISTS] tbl_name [, tbl_name,...]
```

DROP TABLE 可以删除一个或多个数据表，表中的所有数据和表定义均被删除。

例如，删除 bookmanage 数据库中的表 book。

```
use bookmanage;
drop table book;
```

或者：

```
drop table bookmanage.book;
```

8.5 操作数据

数据操作是针对数据表中的记录进行的操作，主要包括新增记录、修改记录和删除记录。

在操作数据之前，在 XAMPP 的 Shell 窗口下运行打开数据库的命令：

```
use bookmanage;
```

8.5.1 新增记录

使用 INSERT 语句可以在数据表中插入新数据，语法格式如下：

```
INSERT [INTO] tbl_name [(column_name1,column_name2,...)] VALUES
(value1,value2,...)
```

或者：

```
INSERT [INTO] tbl_name SET column_name1=value1, column_name2=value2,...
```

功能：在指定的数据表的尾部插入一条新记录，其值为 VALUES(或 =)后面表达式的值。

说明：当需要插入表中所有字段的数据时，表名后面的字段名可以省略，但插入数据的格式及顺序必须与表中的字段次序完全一致；若只需要插入表中某些字段的数据，则需要列出插入数据的字段名。

INSERT 语句具有以下几种形式。

(1) 指定所有列的值。

【实例 8-8】 向 book 表中添加记录，bookid 为“000012”，bookname 为“西方经济学”，editor 为“刘进步”，Price 为 38，publish 为“清华大学出版社”，pubdate 为“2012-10-23”，kcl 为 20。

```
insert into book values ("000012","西方经济学","刘进步",38,"清华大学出版社",
    "2012-10-23",20);
```

提示： 向表中添加记录时，VALUES 后面表达式的顺序必须与数据表中字段的顺序一致，并且数据类型要匹配。

也可以写成：

```
insert into book set bookid="000012",bookname="西方经济学",editor="刘进步",
   price=38,publish="清华大学出版社", pubdate="2012-10-23",kcl=20;
```

(2) 指定部分列的值。

【实例 8-9】 向 book 表中添加记录，bookid 为“000013”，bookname 为“线性代数”，publish 为“高等教育出版社”。

```
insert into book(bookid,bookname,publish) values ("000013","线性代数",
    "高等教育出版社");
```

提示： 只指定部分字段的值时，必须在表名后面的括号内列出字段的名称，VALUES 后面表达式的顺序必须与前面列出的字段顺序一致，并且类型要匹配。

(3) 一次插入多行数据。

使用 INSERT 语句可以一次插入多条记录，语句格式如下：

```
insert into book values
("000014","哲学","王强",28,"清华大学出版社","2008-06-23",120),
("000015","大学计算机基础","宋天文",30,"经济出版社","2011-07-18",200);
```

8.5.2 修改记录

使用 UPDATE 命令可以更新存储在数据表中的记录，语法格式如下：

```
UPDATE  table_name
 SET  column_name1=value1[,column_name2 =value2…]
[WHERE <条件表达式>]
```

功能：更改符合 WHERE 条件的记录。如果不指定条件，则表中的所有记录均被更改。

【实例 8-10】 将 book 表中 bookname 字段值为“大学计算机基础”的所有记录的“price”字段值改为 48。

```
UPDATE  book  SET  price=48  WHERE  bookname ="大学计算机基础";
```

8.5.3 删除记录

使用 DELETE 命令可以删除数据表中的记录，语法格式如下：

```
DELETE FROM  table_name
 [ WHERE <条件表达式>]
```

功能：从指定数据表中删除记录。

【实例 8-11】 删除 book 表中字段 editor 的值为“王建军”的所有记录。

```
DELETE  FROM  book  WHERE  editor= "王建军";
```

提示： 使用 DELETE 命令删除记录时，一般都要附带子命令 WHERE <条件>，否则数据表中的所有记录均会被删除而无法恢复。

8.6 数据查询语句

在数据表中查询数据可以使用 SELECT 语句。SELECT 语句的语法格式如下：

```
SELECT  [ALL | DISTINCT]  <目标列表达式> [, …, n]
FROM  数据源
```

```
[WHERE  过滤条件]
[GROUP BY  分组表达式]
[HAVING  分组过滤条件]
[ORDER BY  排序表达式 [ASC|DESC]]
```

- SELECT 子句：说明要查询的数据列，ALL 表示不去掉重复元组，DISTINCT 表示去掉重复元组，默认为 ALL。
- FROM 子句：说明查询结果来源于哪些数据表，既可以基于单个数据表，也可以基于多个数据表进行联合查询。
- WHERE 子句：说明查询条件，即元组选择的条件。
- GROUP BY 子句：用于对查询结果进行分组，可以利用它进行分组汇总。
- HAVING 子句：用于限定分组必须满足的条件，必须与 GROUP BY 子句一起使用。
- ORDER BY 子句：用于对查询结果进行排序。

8.6.1 单表查询

单表查询是指基于一个数据表的数据查询。

1. 选择数据表中若干列

(1) 查询全部列的信息。

【实例 8-12】 查询 book 表中所有字段的信息。

```
SELECT * FROM book;
```

运行结果如下：

```
+--------+----------------+------+----+-------------+-----------+---+
| bookid | bookname       |editor|price| publish    | pubdate   |kcl|
+--------+----------------+------+-----+------------+-----------+---+
| 000012 | 西方经济学       | 刘进步 | 38 | 清华大学出版社 | 2012-10-23| 20|
| 000002 | VB 程序设计      | 刘艺华 | 28 | 高等教育出版社 | 2009-08-02|  4|
| 000003 | 计算机审计基础    | 张浩   | 45 | 机械工业出版社 | 2010-04-02| 18|
| 000004 | 大学语文         | 谭一阔 | 23 | 水电出版社     | 2011-10-12| 32|
| 000005 | 计算机网络基础    | 刘峰   | 30 | 北京邮电出版社 | 2012-08-12| 19|
| 000006 | 高等数学(第四版上)| 同济大学| 33 | 高等教育出版社 | 2000-01-08| 79|
| 000007 | 高等数学(第四版下)| 同济大学| 30 | 高等教育出版社 | 2000-01-08| 49|
| 000008 | 大学英语         | 赵乐楚 | 34 | 北京外国语出版社|2014-06-18| 17|
| 000009 | 计算机网络基础    | 谭玉龙 | 48 | 水利水电出版社 |2013-03-12| 39|
| 000010 | 机械制图         | 张飞龙 | 35 | 机械工业出版社 |2012-04-10| 21|
| 000001 | matlab 与绘图    | 张强民 | 38 | 清华大学出版社 |2011-12-10| 10|
+--------+----------------+------+-----+------------+-----------+---+
```

(2) 查询指定列的信息。

如果用户只想查询表中一部分列的信息，就可以在子句的<目标列表达式>中指定要查询的列的名称。

【实例 8-13】 查询 book 表中的 bookid、bookname、editor 等字段的信息。

```
SELECT  bookid,bookname,editor FROM  book;
```

运行结果如下：

```
+--------+------------------+--------+
| bookid | bookname         | editor |
+--------+------------------+--------+
| 000012 | 西方经济学        | 刘进步  |
| 000002 | VB 程序设计       | 刘艺华  |
| 000003 | 计算机审计基础     | 张浩    |
| 000004 | 大学语文          | 谭一阔  |
| 000005 | 计算机网络基础     | 刘峰    |
| 000006 | 高等数学(第四版上) | 同济大学 |
| 000007 | 高等数学(第四版下) | 同济大学 |
| 000008 | 大学英语          | 赵乐楚  |
| 000009 | 计算机网络基础     | 谭玉龙  |
| 000010 | 机械制图          | 张飞龙  |
| 000001 | matlab 与绘图     | 张强民  |
+--------+------------------+--------+
```

(3)　为列命名别名。

SELECT 子句可以为<目标列表达式>中的列命名别名。

【实例 8-14】从 book 表中查询 bookid、bookname、editor 以及 pubdate 等字段的信息。

```
SELECT bookid as 图书编号,bookname as 图书名称, editor as 主编, year(pubdate)
    as 出版年份 FROM book;
```

运行结果如下：

```
+----------+------------------+--------+--------+
| 图书编号  | 图书名称          | 主编    | 出版年份 |
+----------+------------------+--------+--------+
| 000012   | 西方经济学        | 刘进步  |   2012 |
| 000002   | VB 程序设计       | 刘艺华  |   2009 |
| 000003   | 计算机审计基础     | 张浩    |   2010 |
| 000004   | 大学语文          | 谭一阔  |   2011 |
| 000005   | 计算机网络基础     | 刘峰    |   2012 |
| 000006   | 高等数学(第四版上) | 同济大学 |   2000 |
| 000007   | 高等数学(第四版下) | 同济大学 |   2000 |
| 000008   | 大学英语          | 赵乐楚  |   2014 |
| 000009   | 计算机网络基础     | 谭玉龙  |   2013 |
| 000010   | 机械制图          | 张飞龙  |   2012 |
| 000001   | matlab 与绘图     | 张强民  |   2011 |
+----------+------------------+--------+--------+
```

2. 选择表中若干元组

(1)　过滤重复记录。

在查询记录时，想要过滤某字段值重复的记录，可以使用 DISTINCT 关键字来实现。

【实例 8-15】查询 book 表中出版社的名称(publish 字段)。

```
SELECT  DISTINCT  publish  FROM  book;
```

运行结果如下：

```
+---------------+
| publish       |
+---------------+
| 清华大学出版社   |
| 高等教育出版社   |
| 机械工业出版社   |
| 水电出版社      |
| 北京邮电出版社   |
| 北京外国语出版社 |
| 水利水电出版社   |
+---------------+
```

(2) 查询满足条件的记录。

查询满足指定条件的元组可以通过 WHERE 子句来实现。WHERE 子句常用的查询条件如表 8-6 所示。

表 8-6 WHERE 子句常用的查询条件

查询条件	谓 词
比较	=、>、<、>=、<=、!=、<>、 NOT
确定范围	BETWEEN AND、NOT BETWEEN AND
确定集合	IN、NOT IN
字符匹配	LIKE、NOT LIKE
空格	IS NULL、IS NOT NULL
逻辑查询	AND、OR、NOT

【实例 8-16】在 book 表中查询出版社为“清华大学出版社”的所有信息。

```
SELECT  * FROM  book  WHERE publish='清华大学出版社';
```

运行结果如下：

```
+--------+------------+-------+-----+------------+----------+------+
| bookid | bookname   | editor|price| publish    | pubdate  | kcl  |
+--------+------------+-------+-----+------------+----------+------+
| 000012 | 西方经济学    | 刘进步 |   38| 清华大学出版社|2012-10-23 |   20 |
| 000001 | matlab 与绘图 | 张强民 |   38| 清华大学出版社|2011-12-10 |   10 |
+--------+------------+-------+-----+------------+----------+------+
```

【实例 8-17】 在 book 表中查询出版社为“清华大学出版社”、库存量大于 10 的所有信息。

```
SELECT  *  FROM  book  WHERE  publish='清华大学出版社'  AND  kcl>10;
```

运行结果如下：

```
+--------+----------+-------+-------+------------+----------+-----+
| bookid | bookname  | editor | price | publish     | pubdate   | kcl |
+--------+----------+-------+-------+------------+----------+-----+
```

```
| 000012 | 西方经济学    | 刘进步 |      38 | 清华大学出版社 | 2012-10-23|   20 |
+--------+-------------+-------+-------+--------------+----------+-----+
```

【实例 8-18】在 book 表中查询出版社为“清华大学出版社”或“高等教育出版社”的所有信息。

```
SELECT * FROM  book WHERE publish='清华大学出版社' OR publish='高等教育出版社';
```

运行结果如下：

```
+--------+-----------------+-------+----+-------------+-------------+----+
| bookid | bookname        | editor|price| publish    | pubdate     | kcl|
+--------+-----------------+-------+----+-------------+-------------+----+
|000012 | 西方经济学         | 刘进步 |  38| 清华大学出版社 | 2012-10-23 | 20 |
|000002 | VB 程序设计        | 刘艺华 |  28| 高等教育出版社 | 2009-08-02 |  4 |
|000006 | 高等数学(第四版上)  | 同济大学|  33| 高等教育出版社 | 2000-01-08 | 79 |
|000007 | 高等数学(第四版下)  | 同济大学|  30| 高等教育出版社 | 2000-01-08 | 49 |
|000001 | matlab 与绘图     | 张强民  |  38| 清华大学出版社 | 2011-12-10 | 10 |
+--------+-----------------+-------+----+-------------+-------------+----+
```

【实例 8-19】在 book 表中查询图书价格介于 25～35 之间的所有图书信息。

```
SELECT * FROM  book  WHERE  price  BETWEEN  25 AND 35;
```

等价于：

```
SELECT * FROM  book  WHERE  price>=25 and price<=35;
```

运行结果如下：

```
+--------+-----------------+-------+-----+---------+------------+-----+
| bookid | bookname        |editor |price | publish| pubdate     | kcl |
+--------+-----------------+-------+-----+---------+------------+-----+
|000002 | VB 程序设计        |刘艺华  | 28| 高等教育出版社 | 2009-08-02 |    4|
|000005 | 计算机网络基础      |刘峰    |  30| 北京邮电出版社 | 2012-08-12 |  19|
|000006 | 高等数学(第四版上)  |同济大学| 33| 高等教育出版社 | 2000-01-08 |  79|
|000007 | 高等数学(第四版下)  |同济大学| 30| 高等教育出版社 | 2000-01-08 |  49|
|000008 | 大学英语           | 赵乐楚 |  34|北京外国语出版社| 2014-06-18 |  17|
|000010 | 机械制图           | 张飞龙 |  35| 机械工业出版社 | 2012-04-10 |  21|
+--------+-----------------+-------+-----+---------+------------+----+
```

提示：

- BETWEEN 后面是范围的下限(即最小值)，AND 后面是范围的上限(即最大值)。
- BETWEEN…AND 的一般格式为“列名|表达式 BETWEEN 下限值 AND 上限值”。
- NOT BETWEEN…AND 的一般格式为“列名|表达式 NOT BETWEEN 下限值 AND 上限值”。

【实例 8-20】在 book 表中，查询出版社为“水电出版社”“机械工业出版社”或“高等教育出版社”的 bookname、publish 等字段的信息。

```
SELECT bookname,publish FROM  Book WHERE publish in('水电出版社','机械工业
    出版社','高等教育出版社');
```

等价于：

```
SELECT bookname,publish FROM  book WHERE publish='水电出版社' or publish=
    '机械工业出版社' or publish='高等教育出版社';
```

运行结果如下：

```
+-----------------+--------------+
| bookname        | publish      |
+-----------------+--------------+
| VB 程序设计      | 高等教育出版社 |
| 计算机审计基础    | 机械工业出版社 |
| 大学语文         | 水电出版社     |
| 高等数学(第四版上) | 高等教育出版社 |
| 高等数学(第四版下) | 高等教育出版社 |
| 机械制图         | 机械工业出版社 |
+-----------------+--------------+
```

提示：
- 当列值(或表达式)与 IN 集合中的某个常量值相等时，则结果为 True。
- 当列值(或表达式)与 IN 集合中的任何一个常量值不相等时，则结果为 False。
- IN 的条件表达式等价于条件表达式

```
(列名|表达式=常量1)OR (列名|表达式=常量2)OR …OR(列名|表达式=常量n)
```

【实例 8-21】在 book 表中，查询字段 editor 的值中第二个字为“进”的所有信息。

```
SELECT * FROM book WHERE editor LIKE  '_进%';
```

运行结果如下：

```
+--------+-----------+--------+-------+------------+------------+-----+
| bookid | bookname  | editor | price | publish    | pubdate    | kcl |
+--------+-----------+--------+-------+------------+------------+-----+
| 000012 | 西方经济学  | 刘进步  |    38 |清华大学出版社 |2012-10-23  |  20 |
+--------+-----------+--------+-------+------------+------------+-----+
```

提示：
- 匹配串可以包含常规字符和通配符(_、*)。其中，“_”是指一个任意的字符，“*”是指任意多个字符。
- 匹配过程中常规字符必须与字符串中指定的字符完全匹配。
- 通配符可以与字符串的任意部分相匹配。

3. 对查询结果进行排序

用户可以用 ORDER BY 子句对查询结果按照一个或多个属性列的升序(ASC)或降序(DESC)排序，省略则为升序。其语法格式如下：

```
ORDER BY <列名1> [ASC|DESC][,<列名2> [ASC|DESC],…]
```

【实例 8-22】 查询 book 表中的所有信息，要求查询结果首先按 pubdate 降序排列，再按 price 升序排列。

```
SELECT * FROM book ORDER BY pubdate DESC, price ASC;
```

运行结果如下：

```
+-------+-------------+-------+-----+-------------+------------+--+
|bookid | bookname    | editor|price|   publish   | pubdate    |kcl|
+-------+-------------+-------+-----+-------------+------------+--+
|000008 | 大学英语     | 赵乐楚 |  34 | 北京外国语出版社 | 2014-06-18 |17|
|000009 | 计算机网络基础 | 谭玉龙 |  48 | 水利水电出版社  | 2013-03-12 |39|
|000012 | 西方经济学    | 刘进步 |  38 | 清华大学出版社  | 2012-10-23 |20|
|000005 | 计算机网络基础 | 刘峰   |  30 | 北京邮电出版社  | 2012-08-12 |19|
|000010 | 机械制图     | 张飞龙 |  35 | 机械工业出版社  | 2012-04-10 |21|
|000001 | matlab 与绘图 | 张强民 |  38 | 清华大学出版社  | 2011-12-10 |10|
|000004 | 大学语文     | 谭一阔 |  23 | 水电出版社     | 2011-10-12 |32|
|000003 | 计算机审计基础 | 张浩   |  45 | 机械工业出版社  | 2010-04-02 |18|
|000002 | VB 程序设计   | 刘艺华 |  28 | 高等教育出版社  | 2009-08-02 | 4|
|000007 |高等数学(第四版下)| 同济大学|30 | 高等教育出版社  | 2000-01-08 |49|
|000006 |高等数学(第四版上)| 同济大学|33 | 高等教育出版社  | 2000-01-08 |79|
+-------+-------------+-------+----+--------------+------------+--+
```

4. 使用 LIMIT 指定行数查询

在使用 SELECT 语句进行查询时，有时只希望列出查询结果中的某几条记录，而不是全部记录，这时就可以使用 LIMIT 关键字来限制输出的结果。其语法格式如下：

```
LIMIT [start,]length
```

- start：从第几行记录开始输出。默认为 0，表示第一条记录。
- length：读取记录的行数。

例如，LIMIT 2,4 是指从第 3 条记录开始，读取 4 条记录。

【实例 8-23】查询 book 表前 5 条记录。

```
SELECT * FROM  book limit 0,5;
```

运行结果如下：

```
+--------+------------+-------+------+------------+-----------+-----+
| bookid | bookname   | editor| price| publish    | pubdate   | kcl |
+--------+------------+-------+------+------------+-----------+-----+
| 000012 | 西方经济学   | 刘进步 |   38 | 清华大学出版社 | 2012-10-23 |  20|
| 000002 | VB 程序设计  | 刘艺华 |   28 | 高等教育出版社 | 2009-08-02 |   4|
| 000003 | 计算机审计基础 | 张浩   |   45 | 机械工业出版社 | 2010-04-02 |  18|
| 000004 | 大学语文    | 谭一阔 |   23 | 水电出版社    | 2011-10-12 |  32|
| 000005 | 计算机网络基础 | 刘峰   |   30 | 北京邮电出版社 | 2012-08-12 |  19|
+--------+------------+-------+------+------------+-----------+----+
```

【实例 8-24】在 book 表中，查询按库存量(kcl)降序排列的前 4 条记录。

```
SELECT * FROM  book order by kcl desc limit 4;
```

运行结果如下：

```
+--------+----------------+-------+-----+-------------+----------+----+
| bookid | bookname       | editor|price| publish     | pubdate  |kcl|
+--------+----------------+-------+-----+-------------+----------+----+
|000006  | 高等数学(第四版上) | 同济大学 | 33  | 高等教育出版社 |2000-01-08|79 |
|000007  | 高等数学(第四版下) | 同济大学 | 30  | 高等教育出版社 |2000-01-08|49 |
|000009  | 计算机网络基础     | 谭玉龙  | 48  | 水利水电出版社 |2013-03-12|39 |
|000004  | 大学语文         | 谭一阔  | 23  | 水电出版社    |2011-10-12|32 |
+--------+----------------+-------+-----+-------------+----------+----+
```

5. 分组与汇总查询

SELECT 查询既可以直接对查询结果进行汇总计算，也可以对查询结果进行分组计算。在查询中完成汇总计算的函数称为聚合函数，实现分组查询的子句为 GROUP BY。

(1) 聚合函数与汇总查询。

聚合函数将对一组值执行计算，并返回单个值。常用的聚合函数如表 8-7 所示。

表 8-7 常用的聚合函数

聚合函数	含 义
COUNT(*)	统计元组个数
COUNT([DISTINCT | ALL]<列名|表达式>)	统计一列中值的个数
SUM ([DISTINCT | ALL]<列名|表达式>)	计算一列值的总和(此列必须为数值型)
AVG ([DISTINCT | ALL]<列名|表达式>)	计算一列值的平均值(此列必须为数值型)
MAX ([DISTINCT | ALL]<列名|表达式>)	求一列值中的最大值
MIN ([DISTINCT | ALL]<列名|表达式>)	求一列值中的最小值

说明：如果指定 DISTINCT 关键字，则表示在统计时要取消指定列的重复值；如果不指定 DISTINCT 关键字或指定 ALL 关键字(默认选项)，则表示不取消重复值。除 COUNT(*)外，聚合函数都会忽略空值。

【实例 8-25】在 book 表中查询记录总数。

```
SELECT COUNT(*) FROM book;
```

运行结果如下：

```
+----------+
| COUNT(*) |
+----------+
|      11  |
+----------+
```

提示： “*”表示以任何一列统计都可以。

【实例 8-26】在 book 表中查询库存量(kcl)的总和及平均值。

```
SELECT SUM(kcl),AVG(kcl)  FROM book;
```

运行结果如下：

```
+----------+----------+
| SUM(kcl) | AVG(kcl) |
+----------+----------+
|     308  | 28.0000  |
+----------+----------+
```

提示：　SUM()和 AVG()函数中的<列名|表达式>必须为数值型数据。

【实例 8-27】查询 book 表中库存量(kcl)的最大值和最小值。

```
SELECT MAX(kcl), MIN(kcl)  FROM book;
```

运行结果如下：

```
+----------+----------+
| MAX(kcl) | MIN(kcl) |
+----------+----------+
|      79  |        4 |
+----------+----------+
```

提示：　MAX()、MIN()函数中的<列名|表达式>可以是数值型数据和字符型数据。

(2)　GROUP BY 分组查询与计算。

聚合函数经常与 SELECT 语句的分组子句一起使用。在 SQL 标准中，分组子句是 GROUP BY。GROUP BY 分组查询的一般语法格式如下：

```
SELECT <分组依据列> [,…,n],<聚合函数> [,…,n]
FROM <数据源>
[WHERE <检索条件表达式>]
GROUP BY <分组依据列>[,...,n]
[HAVING <检索条件表达式>]
```

说明：

- SELECT 子句和 GROUP BY 子句中的<分组依据列>[,...,n]是相对应的，分组依据列可以只有一列，也可以有多列。
- WHERE 子句中的<检索条件表达式>与分组无关，用来筛选 FROM 子句中数据源所产生的记录。执行查询时，先从数据源中筛选出满足<检索条件表达式>的元组，然后再对满足条件的元组进行分组。
- GROUP BY 子句用来对 WHERE 子句的输出进行分组。
- HAVING 子句用来从分组的结果中筛选行。

【实例 8-28】统计 book 表中各出版社出版的图书数量。

```
SELECT publish,COUNT(DISTINCT bookid) FROM book GROUP BY Publish;
```

运行结果如下：

```
+---------------+----------------------+
| publish       | COUNT(DISTINCT bookid)|
+---------------+----------------------+
```

```
| 北京外国语出版社   |                     1    |
| 北京邮电出版社     |                     1    |
| 机械工业出版社     |                     2    |
| 水利水电出版社     |                     1    |
| 水电出版社         |                     1    |
| 清华大学出版社     |                     2    |
| 高等教育出版社     |                     3    |
+-------------------+-------------------------+
```

提示： 用 GROUP BY 分组时，要查询显示的列只能为分组的依据列和聚合函数。

【实例 8-29】统计 book 表中出版的图书超过 2 本的出版社。

```
SELECT publish ,COUNT(DISTINCT  bookid)as book_id FROM book GROUP BY
   publish HAVING book_id>2;
```

运行结果如下：

```
+-----------------+---------+
| publish         | book_id |
+-----------------+---------+
| 高等教育出版社   |     3   |
+-----------------+---------+
```

提示：
- HAVING 子句中的 book_id>2 是分组后的元组应该满足的条件。
- HAVING 与 GROUP BY 子句必须一起使用，不可以单独使用。

8.6.2 多表查询

多表查询是基于两个或两个以上的数据表的查询，这些数据表必须在某些字段上具有一定的关联关系。通过在 FROM 子句中使用各种连接(join)运算，可以将不同数据表中的记录组合起来。在 MySQL 中连接分为：内连接(inner join)、外连接(outer join)和全连接(full join)，外连接又分为左外连接(left join)和右外连接(right join)，简称左连接和右连接。

(1) 内连接。

内连接是将两个数据表中满足指定连接条件的记录连接成新的记录集，舍弃所有不满足连接条件的记录。其语法格式如下：

```
FROM  table_name1 [inner] join table_name2 on <连接条件>
```

(2) 外连接。

外连接只限制一个数据表，对另一个数据表不加限制(该数据表中的所有记录均出现在结果集中)。

① 左连接。左连接数据表 A 和数据表 B 意味着读取表 A 的全部记录按指定的连接条件与表 B 中满足连接条件的记录进行连接。若表 B 中没有满足连接条件的记录，则表 A 中相应字段填入 NULL。其语法格式如下：

```
FROM table_name1 left join table_name2 on <连接条件>
```

② 右连接。右连接数据表 A 和数据表 B 意味着读取表 B 的全部记录按指定的连接

条件与表 A 中满足连接条件的记录进行连接。若表 A 中没有满足连接条件的记录，则表 B 中相应字段填入 NULL。其语法格式如下：

```
FROM table_name1 right join table_name2 on <连接条件>
```

内连接与外连接的区别是：内连接将去除所有不符合条件的记录，而外连接则保留其中部分记录。

左连接与右连接的区别是：如果用数据表 A 左连接数据表 B，则数据表 A 中的全部记录会保留在结果集中，而数据表 B 中只有符合连接条件的记录才出现在结果集中；右连接则相反。

(3)　全连接。

全连接也称交叉连接，是指每个数据表的每条记录都与其他数据表中的所有记录交叉，产生所有可能的组合，也就是所谓的笛卡儿积。两个分别有 50 条记录和 40 条记录的数据表执行全连接，可能会得到一个具有 2000 条记录的结果。

在实际应用中，为防止查询结果过大，通常尽量将结果集减少到最少。如果在 WHERE 子句中增加一条使各表在某些列上进行匹配的条件，这个连接就是所谓的同值连接(equi-join)，它只选择那些在指定列中具有相等值的记录。

【实例 8-30】从 book 表和 borrow 表中查询被借图书的图书名称、借阅时间。

数据表 borrow 的字段信息如表 8-8 所示。

表 8-8　表 borrow 的字段信息

字　段	类型(长度)	含　义
cardid	VARCHAR(10)	图书证编号
bookid	VARCHAR(8)	图书编号
bdate	DATE	借阅日期
rdate	DATE	归还日期

borrow 表的记录信息如表 8-9 所示。

表 8-9　表 borrow 的记录信息

cardid	bookid	bdate	rdate
stu000001	000001	2011-03-20	2017-04-20
stu000001	000002	2011-03-20	2017-04-20
stu000003	000004	2012-10-01	2012-10-25
stu000002	000003	2012-09-08	2012-11-05
stu000002	000008	2011-05-08	2011-09-18
stu000002	000005	2010-10-09	2014-10-03
stu000003	000003	2013-11-02	2013-12-06
stu000003	000002	2012-05-12	2012-05-08

book 数据表的记录信息如表 8-10 所示。

表 8-10　book 记录信息

bookid	bookname	editor	price	publish	pubdate	kcl
000012	西方经济学	刘进步	38	清华大学出版社	2012-10-23	20
000002	VB 程序设计	刘艺华	28	高等教育出版社	2009-08-02	4
000003	计算机审计基础	张浩	45	机械工业出版社	2010-04-02	18
000004	大学语文	谭一阔	23	水利水电出版社	2011-10-12	32
000005	计算机网络基础	刘峰	30	北京邮电出版社	2012-08-12	19
000006	高等数学(第四版上)	同济大学	33	高等教育出版社	2000-01-08	79
000007	高等数学(第四版下)	同济大学	30	高等教育出版社	2000-01-08	49
000008	大学英语	赵乐楚	34	北京外国语出版社	2014-06-18	17
000009	计算机网络基础	谭玉龙	48	水利水电出版社	2013-03-12	39
000010	机械制图	张飞龙	35	机械工业出版社	2012-04-10	21
000001	matlab 与绘图	张强民	38	清华大学出版社	2011-12-10	10

borrow 表的字段 bookid 与 8.4.1 小节所创建的 book 表的字段 bookid 具有相同的内容，因此可以据此进行 book 表和 borrow 表的联合查询。

book 表与 borrow 表的内连接：

```
SELECT book.bookname,borrow.bdate from book inner join borrow on
   book.bookid=borrow.bookid;
```

运行结果如下：

```
+--------------+------------+
| bookname     | bdate      |
+--------------+------------+
| VB 程序设计     | 2011-03-20 |
| VB 程序设计     | 2012-05-12 |
| 计算机审计基础   | 2012-09-08 |
| 计算机审计基础   | 2013-11-02 |
| 大学语文       | 2012-10-01 |
| 计算机网络基础   | 2010-10-09 |
| 大学英语       | 2011-05-08 |
| matlab 与绘图  | 2011-03-20 |
+--------------+------------+
```

book 表与 borrow 表的左连接：

```
SELECT book.bookname,borrow.bdate from book  left join borrow on
   book.bookid=borrow.bookid;
```

运行结果如下：

```
+-------------------+------------+
| bookname          | bdate      |
+-------------------+------------+
| matlab 与绘图       | 2011-03-20 |
| VB 程序设计          | 2011-03-20 |
```

```
| 大学语文              | 2012-10-01 |
| 计算机审计基础         | 2012-09-08 |
| 大学英语              | 2011-05-08 |
| 计算机网络基础         | 2010-10-09 |
| 计算机审计基础         | 2013-11-02 |
| VB 程序设计           | 2012-05-12 |
| 西方经济学            | NULL       |
| 高等数学(第四版上)     | NULL       |
| 高等数学(第四版下)     | NULL       |
| 计算机网络基础         | NULL       |
| 机械制图              | NULL       |
+-------------------+------------+
```

book 表与 borrow 表的右连接：

```
SELECT book.bookname,borrow.bdate from book  right join borrow on
   book.bookid=borrow.bookid;
```

运行结果如下：

```
+-------------+------------+
| bookname    | bdate      |
+-------------+------------+
| VB 程序设计   | 2011-03-20 |
| VB 程序设计   | 2012-05-12 |
| 计算机审计基础 | 2012-09-08 |
| 计算机审计基础 | 2013-11-02 |
| 大学语文      | 2012-10-01 |
| 计算机网络基础 | 2010-10-09 |
| 大学英语      | 2011-05-08 |
| matlab 与绘图 | 2011-03-20 |
+-------------+------------+
```

book 表与 borrow 表的同值连接：

```
SELECT book.bookname,borrow.bdate from book,borrow  WHERE
   book.bookid=borrow.bookid;
```

运行结果如下：

```
+-------------+------------+
| bookname    | bdate      |
+-------------+------------+
| VB 程序设计   | 2011-03-20 |
| VB 程序设计   | 2012-05-12 |
| 计算机审计基础 | 2012-09-08 |
| 计算机审计基础 | 2013-11-02 |
| 大学语文      | 2012-10-01 |
| 计算机网络基础 | 2010-10-09 |
| 大学英语      | 2011-05-08 |
| matlab 与绘图 | 2011-03-20 |
+-------------+------------+
```

8.7　phpMyAdmin 图形化管理工具

8.7.1　启动 phpMyAdmin

前面各节介绍的是利用命令语句对 MySQL 数据库、数据表和记录进行操作的过程。当然也可以使用 XAMPP 系统提供的 phpMyAdmin 图形界面来管理数据库、数据表和记录等。

要使用 phpMyAdmin 的图形界面，首先需要启动 Apache 和 MySQL，然后打开浏览器，在地址栏中输入“http://127.0.0.1/phpmyadmin”或者“http://localhost/phpmyadmin”，就可以进入 phpMyAdmin 的操作界面，如图 8-11 所示。

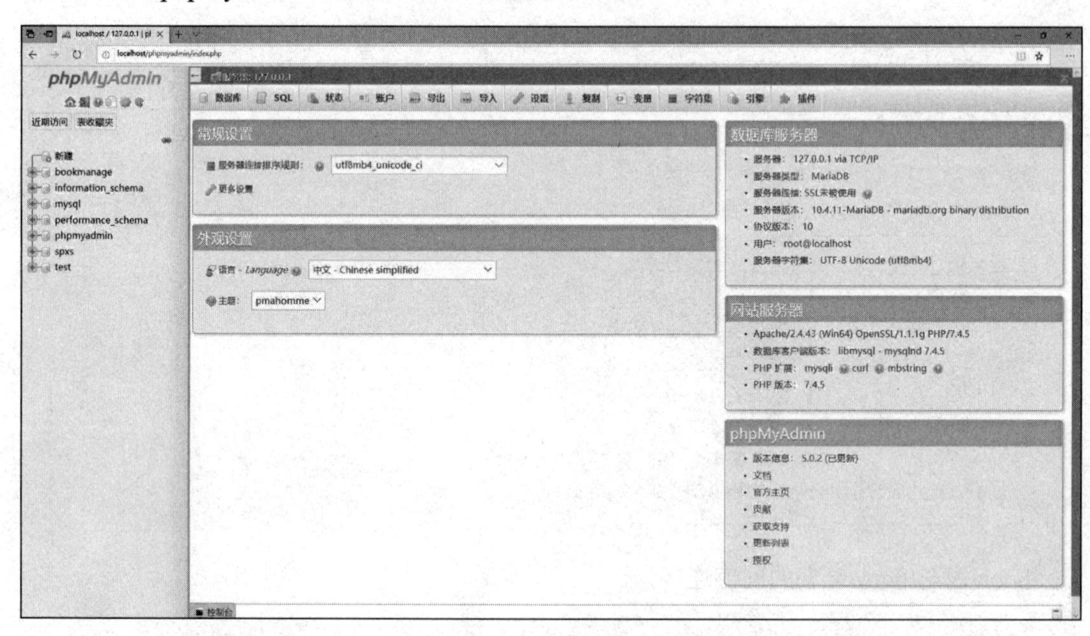

图 8-11　phpMyAdmin 的操作界面

8.7.2　数据库管理

进入操作界面之后，在界面左侧列出的是已经创建的数据库，在这里可以进行数据库的创建、维护等操作。

1. 创建数据库

单击左侧窗格上方的“新建”超链接，则会在右侧显示创建数据库的窗口，如图 8-12 所示。

在“数据库名”文本框中填写数据库的名称，再单击右侧的下拉按钮，选择数据库的字符集，最后单击“创建”按钮即完成数据库的创建工作。

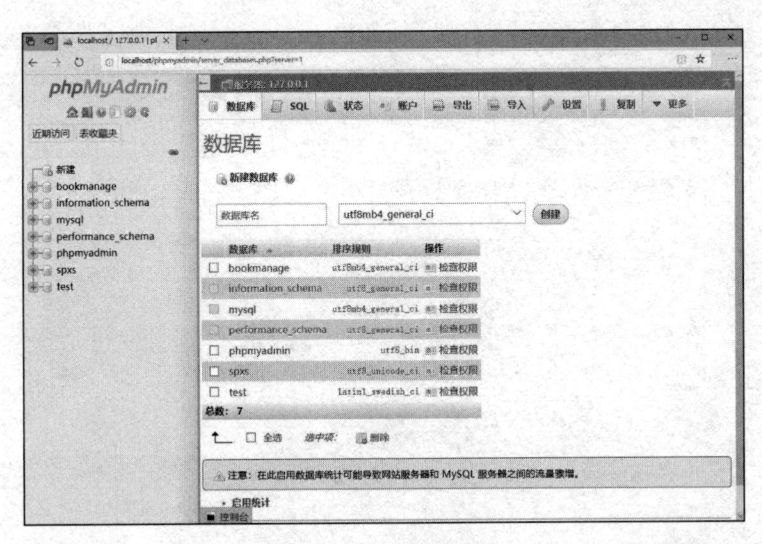

图 8-12　创建数据库

2. 维护数据库

在左侧窗格内单击某个数据库的名称，则右侧窗格内会显示该数据库的相关信息，如数据库的相关操作链接(SQL、搜索、查询、导出、导入、操作、权限、程序和更多等)、所包含的数据表及相关操作(浏览、结构、搜索、插入、清空和删除等)，如图 8-13 所示。

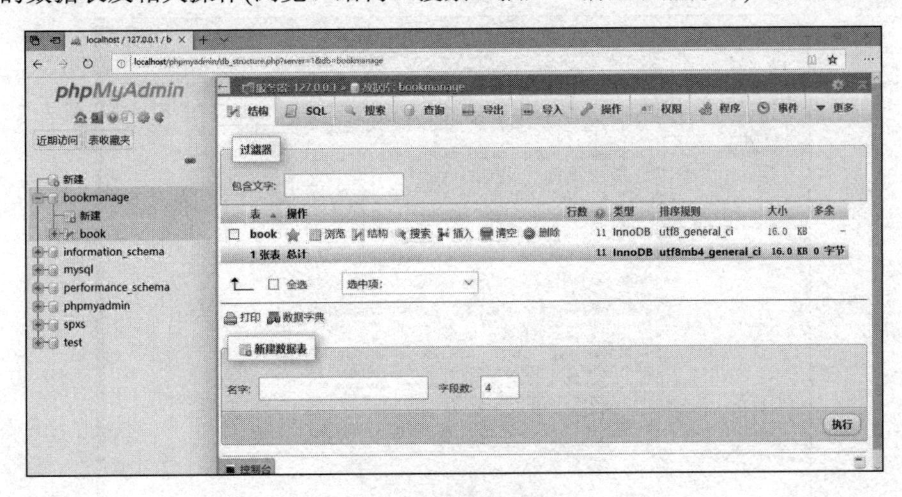

图 8-13　维护数据库

8.7.3　数据表管理

在左侧窗格中，单击某个数据库左侧的图标+，则会显示该数据库所包含的数据表。在此可以进行数据表的新建、维护等操作。

1. 新建数据表

单击数据库名下方的“新建”超链接，则在右侧窗格显示创建数据表的相关操作界面，包含字段的名称、类型、长度等内容，如图 8-14 所示。

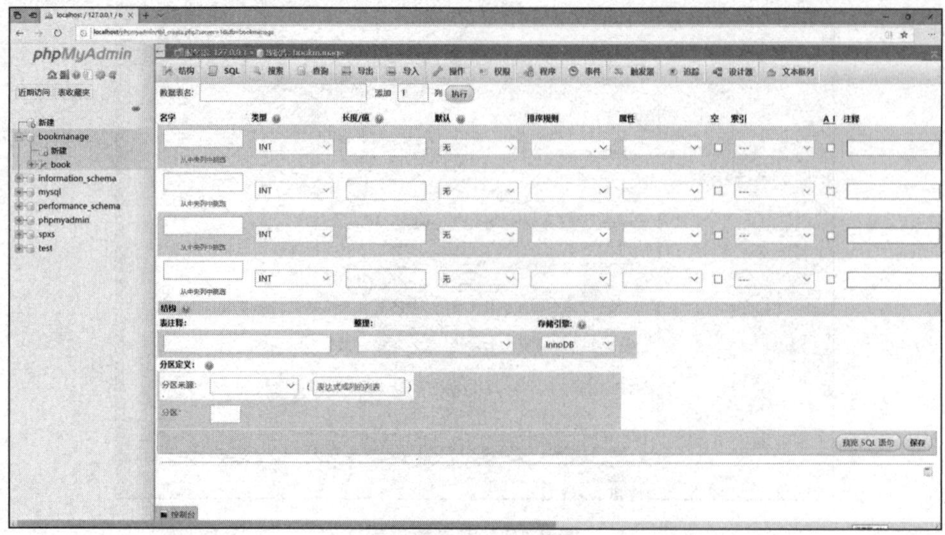

图 8-14　创建新表

2. 维护数据表

在左侧窗格单击某个数据表的名称，则右侧窗格会显示该数据表的记录信息、数据表和记录的相关操作的链接等，如图 8-15 所示。

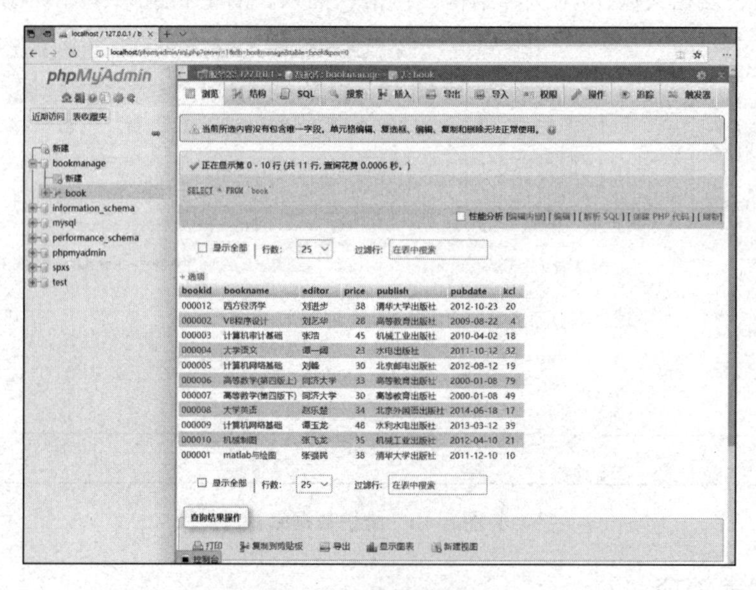

图 8-15　维护数据表

8.8　综合实训案例

本节主要讲解利用 phpMyAdmin 图形化管理工具创建数据库及数据表的操作过程。

1. 实训目的

掌握利用 phpMyAdmin 图形化管理工具进行数据库的管理、数据表的管理、用户管理、数据的导入/导出、SQL 查询等操作。

2. 实训内容

创建商品销售数据库 spxs，在该数据库下创建 3 个数据表：商品表(spb)、客户表(khb)和销售表(xsb)。其中，商品表的表结构如表 8-11 所示，客户表的表结构如表 8-12 所示，销售表的表结构如表 8-13 所示。

表 8-11　商品表(spb)的表结构信息

字段名称	字段类型/长度	含　义
spbh	Varchar(10)	商品编号
spmc	Varchar(30)	商品名称
splb	Varchar(10)	商品类别
spsj	Float(7,1)	商品售价

表 8-12　客户表(khb)的表结构信息

字段名称	字段类型/长度	含　义
khbh	Varchar(10)	客户编号
khm	Varchar(30)	客户姓名
khjf	Int(5)	客户积分

表 8-13　销售表(xsb)的表结构信息

字段名称	字段类型/长度	含　义
khbh	Varchar(10)	客户编号
spbh	Varchar(10)	商品编号
xsrq	Date	销售日期
xssl	Int(5)	销售数量
xsjg	Float(7,1)	销售价格

商品表的记录信息如表 8-14 所示，客户表的记录信息如表 8-15 所示，销售表的记录信息如表 8-16 所示。

表 8-14　商品表的记录信息

商品编号	商品名称	商品类别	售价(元)
S001	电视机	电器	4500
S002	苹果	水果	3.5
S003	散白酒	食品	15
S004	牛肉	食品	22
S005	围巾	服饰	88

表 8-15　客户表的记录信息

客户编号	客户姓名	积　分
K001	张三	12
K002	李四	18
K003	王二	22
K004	赵六	100
K005	李五	87

表 8-16　销售表的记录信息

客户编号	商品编号	销售日期	销售数量	销售价格(元)
K005	S002	2015-2-8	6	21
K002	S003	2015-3-4	5	75
K001	S001	2016-1-8	1	4500
K003	S004	2016-2-7	3	66
K004	S005	2012-12-7	2	176

3. 实训步骤

① 进入 phpMyAdmin 图形管理界面。启动 XAMPP 控制面板，然后启动 Apache 和 MySQL，打开浏览器，在地址栏中输入“http://localhost/phpmyadmin”，即可进入 phpMyAdmin 图形管理工具界面。

② 创建数据库 spxs。在左侧窗格单击“新建”超链接，在右侧窗格“新建数据库”下方的文本框中输入数据库名称 spxs，在下拉列表框中选择字符集 utf8_unicode_ci，最后单击“创建”按钮，如图 8-16 所示。

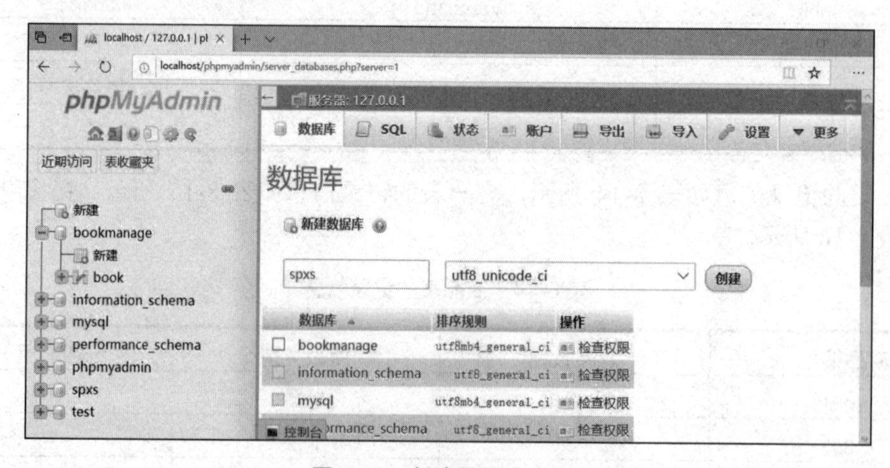

图 8-16　创建数据库 spxs

③ 创建数据表。在左侧窗格单击数据库名 spxs，然后在右侧窗格的“名字”文本框中输入所创建数据表的名称，以及该表的字段数，再单击“执行”按钮进入创建表的界面，

如图 8-17 所示。在创建数据表的操作界面上依次输入表的字段名称、字段类型、字段长度等，如图 8-18 所示。依次创建商品表(spb)、客户表(khb)和销售表(xsb)。

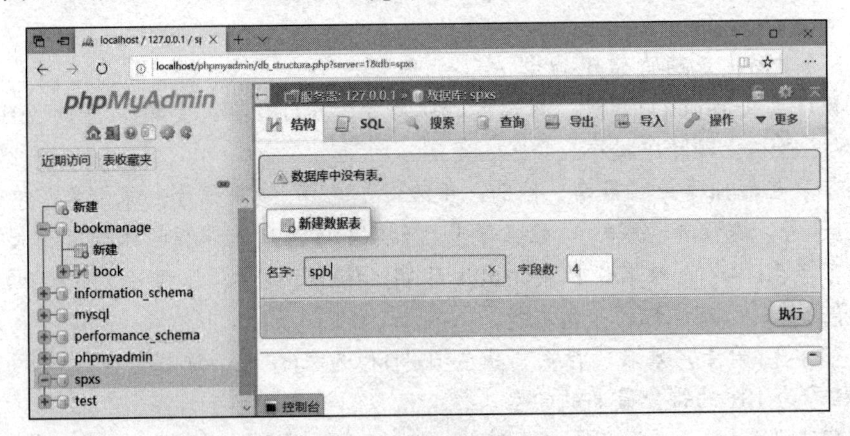

图 8-17　创建新数据表 spb

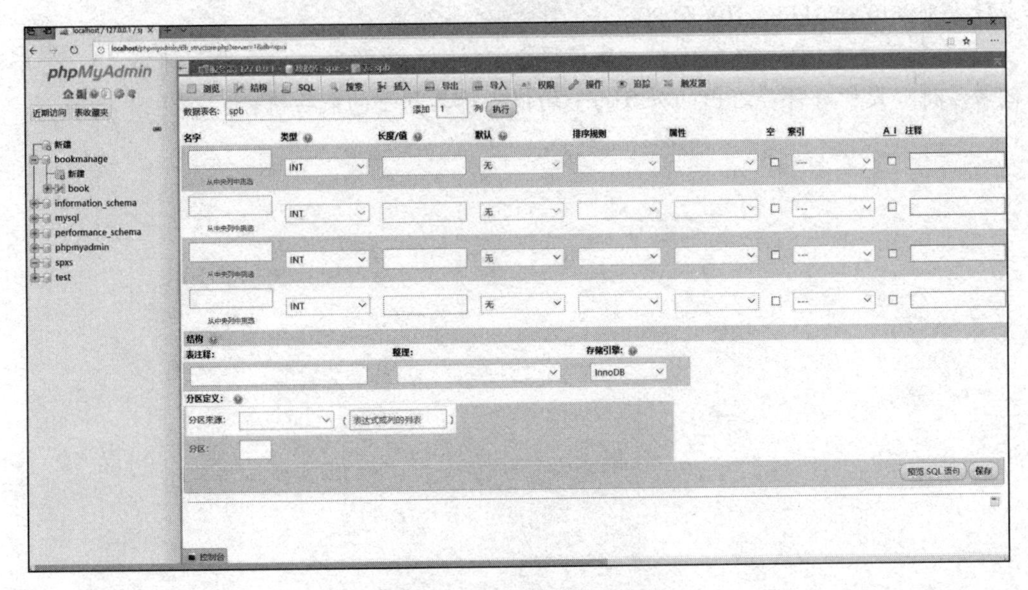

图 8-18　输入新表字段信息

④　输入记录。在左侧窗格单击数据表的名称，在右侧窗格内，可以单击“插入”或“导入”等链接，将数据录入数据表中。

本 章 小 结

本章介绍了 MySQL 服务器在 XAMPP 系统下的启动、连接和关闭操作，并详细介绍了 MySQL 字符集设置，数据库的管理，数据表的管理，数据记录的新增、修改、更新，以及数据查询等知识，同时还介绍了利用 phpMyAdmin 图形化管理工具管理数据库和数据表的方法。

习　题

为以下各题写出正确的 SQL 命令。

1. 设有订单表 order(订单号、客户号、职员号、签订日期、金额)，查询 2011 年所签订单的信息，并按金额降序排序。

2. 设有学生表 S(学号、姓名、性别、年龄)、课程表 C(课程号、课程名、学分)和学生选课表 SC(学号、课程号、成绩)，检索学号、姓名和学生所选课程的课程名和成绩。

3. 设有学生(学号、姓名、性别、出生日期)和选课(学号、课程号、成绩)两个表，计算刘明同学选修的所有课程的平均成绩。

4. 设有学生(学号、姓名、性别、出生日期)和选课(学号、课程号、成绩)两个表，查询选修课程号为 101 的得分最高的学生。

5. 设有选课表(学号、课程号、成绩)，插入一条记录到“选课”表中，学号、课程号和成绩分别是 02080111、103 和 80。

6. 设有歌手表(歌手号、姓名、最后得分)和评分表(歌手号、分数、评委号)，每个歌手的最后得分是所有评委给出的分数的平均值，计算歌手的最后得分。

第 9 章

PHP 操作 MySQL 数据库

本章要点

- PHP 操作 MySQL 数据库常用的函数
- PHP 中插入、修改、删除、查询数据的操作函数

学习目标

- 掌握 PHP 连接 MySQL 的步骤及函数
- 掌握 PHP 中插入、修改、删除、查询数据等的操作函数

9.1 PHP 操作 MySQL 数据库的函数

PHP 中提供了很多操作 MySQL 数据库的函数，利用这些函数，可以完成对 MySQL 数据库的各种操作。PHP 7 推荐使用 mysqli 系列函数来操作 MySQL 数据库，本书主要介绍 mysqli 系列函数。

9.1.1 连接 MySQL 数据库

在操作 MySQL 数据库之前，首先要确保已成功连接 MySQL 数据库。连接 MySQL 数据库服务器常用的函数是 mysqli_connect()。函数的语法格式如下：

```
mysqli_connect(string host,string username,string password,string
    database)
```

函数功能：通过 PHP 程序连接 MySQL 数据库服务器。

如果连接 MySQL 数据库服务器成功，函数返回值为一个 MySQL 服务器连接标识(Link_identifier)，否则返回值为 FALSE。

mysqli_connect()函数的参数说明如表 9-1 所示。

表 9-1 mysqli_connect()函数的参数说明

参 数	说 明
host	MySQL 数据库服务器的 IP 地址或主机名，默认端口值为 3306(常省略)
username	连接 MySQL 数据库服务器的用户名
password	连接 MySQL 数据库服务器的密码
database	所要连接的 MySQL 数据库名称

【实例 9-1】实现连接本地 MySQL 数据库服务器(假设 MySQL 数据库服务器中已创建数据库 school)。

```
<?php
    $host="localhost";        //MySQL 数据库服务器的地址
    $username="root";         //登录数据库服务器的用户名
    $password="";             //登录数据库服务器的密码
    $database="school";       //登录的数据库名称
    $conn=mysqli_connect($host,$username,$password,$database);
?>
```

有时为了能够方便地查询到因连接数据库失败而出现的错误，常常采用 die()函数生成错误处理机制。

首先使用 mysqli_errno()函数判断连接 MySQL 服务器是否成功，若不成功，浏览器上会显示“Warning：mysqli_connect()…”字样，此时可以使用 mysqli_connect_error()函数提取 mysqli_connect()函数的错误信息；如果连接成功，则 mysqli_connect_error()函数返回空字符串。实例 9-1 的 PHP 程序可以写为：

```
<?php
    $host="localhost";
    $username="root";
    $password="";
    $database="school";
    $conn=mysqli_connect($host,$username,$password,$database);
    if(mysqli_connect_errno())
        die("MySQL 数据库连接失败！".mysqli_connect_error());
?>
```

9.1.2　设置数据库字符集

我们在执行 PHP 程序显示数据库的内容时，有时会发现在浏览器页面上本来应该显示的中文字符变成了一堆乱码，这是因为 MySQL 数据库、PHP 程序、HTML 页面以及浏览器所使用的字符集不一致造成的。MySQL 数据库默认使用的字符集是 utf-8，我们使用的 IE 浏览器默认使用的字符集是简体中文字符集 GB 2312，有时候 HTML 页面使用的也是 GB 2312 字符集，这就涉及 PHP 程序中编码的转换问题。

在 PHP 程序里需要将 MySQL 数据库的字符集 character_set_database、客户端字符集 character_set_client、数据库连接字符集 character_set_connection 和结果字符集 character_set_result 设置为一个统一的简体中文字符集，这样才能避免在浏览器页面上出现乱码的问题。

一般为了便于 PHP 程序调试、运行，字符集可以统一设置为 GB 2312、GBK 或 utf-8。调用 PHP 函数 mysqli_query()就可以将 character_set_database、character_set_client、character_set_connection 和 character_set_result 字符集设置为所需的字符集。mysqli_query()函数的调用位置一般位于连接 MySQL 数据库的命令之后，调用的命令格式如下：

```
mysqli_query($conn,"set names gb2312");
```

为了方便连接 MySQL 数据库，可以将实例 9-1 的程序单独写成一个 PHP 程序文件(比如命名为 connect_mysql.php)，需要连接 MySQL 数据库时，就在 PHP 程序文件中使用 include()函数或 include_once()函数调用该程序文件。connect_mysql.php 程序文件完整的内容如下：

```
<?php
    global $conn;                       //数据库连接标识符
    $host="localhost";                  //MySQL 服务器地址
    $username="root";                   //登录 MySQL 服务器的用户名
    $password="";                       //登录 MySQL 服务器的密码
```

```
    $database="school";          //要操作的数据库
    $conn=mysqli_connect($host,$username,$password,$database);
    mysqli_query($conn, "set names gb2312");
    if(mysqli_connect_errno($conn))
            die("MySQL服务器连接失败！".mysqli_connect_error());
?>
```

9.1.3 执行 SQL 语句

在连接 MySQL 服务器并设置字符集后，就可以在 PHP 程序中向 MySQL 服务器发送 SQL 语句或 MySQL 命令了。在 PHP 程序中使用 mysqli_query()函数向 MySQL 服务器发送操作命令，语法格式如下：

```
mysqli_query(connection,query[,resultmode])
```

mysqli_query()函数的参数说明如表 9-2 所示。

表 9-2 mysqli_query()函数的参数说明

参　数	说　明
connection	MySQL 服务器的连接 ID
query	向 MySQL 服务器发送的 SQL 语句或 MySQL 命令
resultmode	可选。是一个常量，可以是 MYSQLI_USE_RESULT(适用于大量数据的检索)或 MYSQLI_STORE_RESULT(默认)

函数的返回值：针对成功的 select、show、describe 或 explain 查询，将返回一个 mysqli_result 对象集。其他操作(如 delete、update、insert 等 SQL 语句)若成功，将返回 TRUE；如果失败，则返回 FALSE。

1. 发送 insert、update 或 delete 语句

使用 mysqli_query()函数向 MySQL 服务器发送 insert、update 或 delete 命令语句后，可以使用 mysqli_affected_rows()函数查看 SQL 语句影响的表记录行数。mysqli_affected_rows()函数的语法格式如下：

```
mysqli_affected_rows(connection)
```

函数的功能：取得函数最近一次对表操作所影响的记录行数。

【实例 9-2】向 school 数据库的 student 表中插入数据。student 表的结构如表 9-3 所示。

表 9-3 student 表的结构

字段名称	字段类型及长度	字段含义
xh	Vchar , 20	学号
xm	Vchar , 20	姓名
bj	Vchar , 20	班级
cj	Int	成绩

```
<?php
   include_once("connect_mysql.php");
   header("Content-Type:text/html;charset=gb2312");
   $sql="insert into student(xh,xm,bj,cj) values('140123101', '王浩', '机械
      2015-1',90) ";
   $result=mysqli_query($conn,$sql);
   if($result)
      echo "插入记录的行数:" , mysqli_affected_rows($conn);
   else
      echo"数据插入失败!";
?>
```

【实例 9-3】将 student 表中学号为 140123105 的学生的班级改为“信息 2014-1”。

```
<?php
   include_once("connect_mysql.php");
   header("Content-Type:text/html;charset=gb2312");
   $s_xh='140123105';
   $s_bj='信息 2014-1';
   $sql="update student set bj='$s_bj' where xh='$s_xh'";
   $result=mysqli_query($conn,$sql);
   if($result)
       echo "记录修改成功！";
   else
      echo "记录修改不成功！";
?>
```

【实例 9-4】删除 student 表中学号为 140123105 的学生记录。

```
<?php
   include_once("connect_mysql.php");
   header("Content-Type:text/html;charset=gb2312");
   $s_xh="140123105";
   $sql="delete from student where xh='$s_xh'";
   $result=mysqli_query($conn,$sql);
   if($result)
       echo "记录删除成功！";
   else
       echo "记录删除不成功！";
? >
```

2. 发送 select 语句

使用 mysqli_query()函数向 MySQL 服务器发送 select 命令语句后，mysqli_query()函数将得到一个结果集(result)数据，此时可以使用 mysqli_num_rows()函数查看该结果集的记录行数。mysqli_num_rows()函数的语法格式如下：

```
int mysqli_num_rows(result)
```

mysqli_num_rows()函数的参数说明如表 9-4 所示。

表 9-4　mysqli_num_rows()函数的参数说明

参　数	说　明
result	由 mysqli_query()返回的结果集标识符

函数的功能：返回结果集中记录的数量。

【实例 9-5】 查询 student 表中的记录数。

```
<?php
    include_once("connect_mysql.php");
    header("Content-Type:text/html;charset=gb2312");
    $sql="select * from student";
    $result=mysqli_query($conn, $sql);
    $row_count=mysqli_num_rows($result);
    echo "记录数：",row_count;
?>
```

9.1.4　遍历结果集

在使用 mysqli_query()函数取得查询的结果集后，就可以使用 mysqli_fetch_row()函数、mysqli_fetch_array()函数和 mysqli_fetch_object()函数遍历结果集中的数据。

1. mysqli_fetch_row()函数

函数的语法格式如下：

```
array mysqli_fetch_row(result)
```

mysqli_fetch_row()函数的参数说明如表 9-5 所示。

表 9-5　mysqli_fetch_row()函数的参数说明

参　数	说　明
result	由 mysqli_query()函数返回的结果集标识符

函数的功能：从结果集 result 中获取一行记录，并将该行记录生成一个数组，数组元素的键从 0 开始，数组元素的值依次为 select 语句中“字段列表”的值。若结果集 result 中没有记录，则函数的返回值为 FALSE。

【实例 9-6】 利用 mysqli_fetch_row()函数显示 student 表中的所有记录。

```
<?php
    include_once("connect_mysql.php");
    header("Content-Type:text/html;charset=gb2312");
    $sql="select * from student";
    $result=mysqli_query($conn, $sql);
    while($s=mysqli_fetch_row($result)){
        echo $s[0]," ";           //显示字段 xh 的值
        echo $s[1]," ";           //显示字段 xm 的值
        echo $s[2]," ";           //显示字段 bj 的值
```

```
        echo $s[3],"<br>";        //显示字段 cj 的值
    }
?>
```

程序的运行结果如图 9-1 所示。

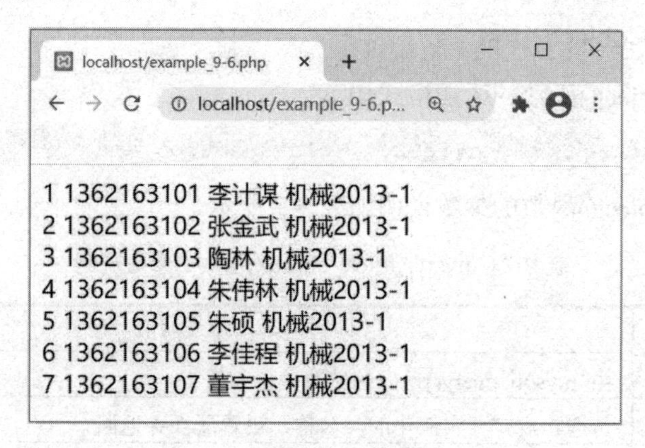

图 9-1　实例 9-6 的运行结果

2. mysqli_fetch_array()函数

mysqli_fetch_array()函数的语法格式如下：

```
array mysqli_fetch_array(result, result type)
```

mysqli_fetch_array()函数的参数说明如表 9-6 所示。

表 9-6　mysqli_fetch_array()函数的参数说明

参　数	说　明
result	由 mysqli_query()返回的结果集标识符
result type	可选。规定产生数组的类型，可以是以下值中的一个。 MYSQLI_ASSOC：数组索引形式； MYSQLI_NUM：数字索引数组形式； MYSQLI_BOTH：以上二者都可以

函数的功能：该函数是 mysqli_fetch_row()的扩张版本，函数的返回值除了包含 mysqli_fetch_row()函数的返回值外，还包含 select 语句中“字段列表=>字段列表值”的数组元素。

【实例 9-7】利用 mysqli_fetch_array()函数显示 student 表中的记录。

```
<?php
    include_once("connect_mysql.php");
    header("Content-Type:text/html;charset=gb2312");
    $sql="select * from student";
    $result=mysqli_query($conn, $sql);
    while($s=mysqli_fetch_array($result)){
        echo $s['xh']," ";            //显示字段 xh 的值
        echo $s['xm']," ";            //显示字段 xm 的值
```

```
        echo $s['bj']," ";              //显示字段 bj 的值
        echo $s['cj'],"<br>";           //显示字段 cj 的值
    }
?>
```

3. mysqli_fetch_object()函数

mysqli_fetch_object()函数的语法格式如下：

```
array mysqli_fetch_object(result, classname,params)
```

mysqli_fetch_object()函数的参数说明如表 9-7 所示。

表 9-7 mysqli_fetch_object()函数的参数说明

参 数	说 明
result	由 mysqli_query()返回的结果集标识符
classname	可选。规定要实例化的类名称，设置属性并返回
params	可选。规定一个传给 classname 对象构造器的参数数组

函数的功能：该函数从结果集中取得一行数据，并作为对象返回。若结果集 result 中没有记录，则函数的返回值为 FALSE。

【**实例 9-8**】利用 mysqli_fetch_object()函数显示 student 表中的记录。

```
<?php
    include_once("connect_mysql.php");
    header("Content-Type:text/html;charset=gb2312");
    $sql="select * from student";
    $result=mysqli_query($conn, $sql);
    while($s=mysqli_fetch_object($result)){
        echo $s->xh," ";                //显示字段 xh 的值
        echo $s->xm," ";                //显示字段 xm 的值
        echo $s->bj," ";                //显示字段 bj 的值
        echo $s->cj,"<br>";             //显示字段 cj 的值
    }
?>
```

9.1.5 关闭与 MySQL 数据库的连接

由于 Web 系统中的 PHP 程序需要经常和 MySQL 服务器进行交互，而数据库的连接又是非常宝贵的系统资源，当用户与 MySQL 服务器的连接超过一定数量时，会导致系统性能下降，甚至死机。因此操作 MySQL 数据库完毕，最好立即关闭与 MySQL 服务器的连接。常用的函数有 mysqli_free_result()和 mysqli_close()。

1. mysqli_free_result()函数

mysqli_free_result()函数的语法格式如下：

```
mysqli_free_result(result)
```

mysqli_close()函数的参数说明如表 9-8 所示。

表 9-8　mysqli_close()函数的参数说明

参　数	说　明
result	由 mysqli_query()函数返回的结果集标识符

函数的功能：释放结果集所占用的内存，该函数无返回值。

2. mysqli_close()函数

mysqli_close()函数的语法格式如下：

```
mysqli_close(connection)
```

mysqli_close()函数的参数说明如表 9-9 所示。

表 9-9　mysqli_close()函数的参数说明

参　数	说　明
connection	要关闭的 MySQL 连接

函数的功能：关闭与 MySQL 服务器的连接。
函数的返回值：如果关闭成功返回 TRUE，否则将返回 FALSE。

9.2　综合实训案例

本节主要介绍在 PHP 程序中实现分页显示数据的方法。在网页上如果需要显示的记录很多，而在一个页面上无法显示全部记录，这时就需要将记录分页显示。

分页是一种将信息分段展示给浏览器用户的技术。浏览器用户每次看到的不是全部信息，只是其中的一部分信息，用户可以指定页码或翻页的方式来查找自己想要的内容。

1. 分析

创建数据库 student，字符集采用 utf8_unicode_ci；创建表 student_info，表结构如表 9-10 所示。

表 9-10　student_info 表的结构

字　段	类型、长度	含　义
xh	Varchar，12	学号
xm	Varchar，20	姓名
bj	Varchar，20	班级

为了准确地将数据表记录分页显示，需要计算以下数据。

- 要显示的记录总数($rec_count)：可以使用以下 SQL 语句获得。

```
$query="select * from student_info  order by xh ";
$get = mysqli_query($conn,$query);
```

```
$rec_count=mysqli_num_rows($get);
```

- 每页显示的记录的数量($page_size)：$page_size=10 表示每页显示 10 条记录。
- 当前页码($this_page_no)：$this_page_no=1 表示第一页。
- 总页码($pages)，格式如下。

```
$pages=ceil($rec_count/$page_size);
```

- 当前页要显示的起始记录所在行($offset)：$offset=0 表示第一条记录，下一页的起始记录则为

```
$offset+$page_size;
```

在 MySQL 数据库服务器端首先计算定位当前页的起始记录所在的行$offset，再依次读取出该页显示的$page_size 条记录并返回到浏览器页面上。在这里分页需要使用 MySQL 的谓词 limit，其语法格式如下：

```
limit [start,] length
```

其中，start 的值等于$offset，length 的值等于$page_size。

2．实现过程

打开浏览器，在地址栏中输入“http://localhost/query.php?offset=0”，程序运行结果如图 9-2 所示。

浏览学生名单

localhost/query.php?offset=0

学号	姓名	班级
1161142102	杨浩	无机2011
1163104212	杨东亮	土木2011
1163104310	杨晨	土木2011
1163104322	杨继东	土木2011
1163104611	闫利俊	土木2011
1164103320	许建平	机2011-3
1164134120	闫峰	装备2011
1361142112	杨浩	无机2011
1362163013	陶林	机械2013-1
1362163101	李计谋	机械2013-1

记录数：28【首页】 【下一页】 【尾页】 页次： 1 / 3页

图 9-2　分页显示效果

3．编程实现

(1) 创建 MySQL 连接程序，命名为 connect_mysql.php。程序代码如下：

```
<?php
    global $conn;                //定义数据库连接标识符
    $host="localhost";           //MySQL 服务器地址
    $user="root";                //MySQL 登录用户名
    $password="";                //MySQL 登录密码
    $dbname="student";           //所操作的数据库
    $conn=mysqli_connect($host,$user,$password,$dbname);
    mysqli_query($conn,"set names gb2312");
?>
```

(2) 创建 query.php 程序，用来分页显示 student 表的记录。程序代码如下：

```
<?php
  include_once("connect_mysql.php");
  header("Content-Type:text/html;charset=gb2312");
  $offset=$_REQUEST['offset'];   //记录的偏移量
  if(empty($offset)){
     $offset=0;              //第一页起始记录的偏移量
     $this_page_no=1;        //当前页为第一页
     $pages=1;
  }
  $page_size=10;             //每页显示记录的数量
?>
<html>
<head>
<meta http-equiv="Content-Language" content="zh-cn">
<meta http-equiv="Content-Type" content="text/html; charset=gb2312">
<title>浏览学生名单</title>
</head>
<body style="font-family: '微软雅黑'">
<table width="100%" border="1" cellpadding="0" cellspacing="0"
height="21" bordercolor="#CCCCCC" style="border-collapse: collapse">  <tr
bgcolor="#FFFFFF">
<td width="30%" ><p align="center">学号</td>
<td width="30%" ><p align="center">姓名</td>
<td width="40%"><p align="center">班级</td>
</tr>
<?php
 $query="select * from student_info  order by xh";
   $get = mysqli_query($conn,$query);
   //统计要显示的记录总数
   $rec_count=mysqli_num_rows($get);
   //分页显示符合要求的记录
   $sql1= " select * from student_info  order by xh  LIMIT
$offset,$page_size";
   $get = mysqli_query($conn,$sql1);
    while( $r=mysqli_fetch_object($get)){
     echo "<tr><td height=24 width=30% >$r->xh</td>";
          echo "<td height=24 width=30%>$r->xm</td>";
          echo "<td height=24 width=40%>$r->bj</td>";
  }
  echo "</tr>";
?>
</table>
<form method=post action="<?php echo $_SERVER['PHP_SELF'];?>"?>
<table width="100%" border="1" cellpadding="0" cellspacing="1" bgcolor=
   "#FFFFFF" style="border-collapse: collapse" bordercolor="#EEEEEE">
<tr>
 <td width =15% > 记录数: <?php echo $rec_count;?></td>
 <td width="85%" bgcolor="#FFFFFF">
```

```
<a href="<?php echo $_SERVER['PHP_SELF'];?>?offset=0"  target=_self>【首页】
   </a>  
<?php
  if($offset) //如果偏移量是 0，不显示前一页的链接
  {
     $preoffset=$offset-$page_size;
     echo  "<a href='$_SERVER[PHP_SELF]?offset=$preoffset'
         target='_self'> 【上一页】 </a>  ";
   }
  //计算总共需要的页数
    $pages=ceil($rec_count/$page_size);
  //检查是否是最后一页
    $nextoffset=$offset+$page_size;
    if (($pages!=0) && ($nextoffset<$rec_count))
       echo  "<a href='$_SERVER[PHP_SELF]?offset=$nextoffset'
           target='_self'> 【下一页】 </a>  ";
    $last_offset=($pages-1)*$page_size;
    $this_page_no=ceil($offset/$page_size)+1;
?>
 <a href="<?php echo $_SERVER['PHP_SELF'];?>?offset=<?php echo
$last_offset;?>" target=_self>【尾页】</a>   
   页次：<font color="red"> <?php echo $this_page_no;?>
   </font>/
<?php
    echo $pages, "页";
?>
</td></tr>
</table>
</form>
</body>
</html>
```

本 章 小 结

本章详细介绍了 PHP 程序中连接 MySQL 服务器的相关函数及方法，PHP 程序中通过 SQL 语句操作数据表记录的方法，以及遍历 MySQL 数据表记录的方法。

习　　题

1. 编写程序，连接 MySQL 服务器的数据库 bookmanage。

2. 编写程序，向 student 表插入数据：学号为 1362163122，姓名为“刘铁铮”，班级为“机械 2013-1”，成绩为 78。

3. 编写程序，将 student 表中姓名为“朱硕”的成绩改为 98。

4. 编写程序，将 student 表中成绩大于 70 的记录全部显示出来。

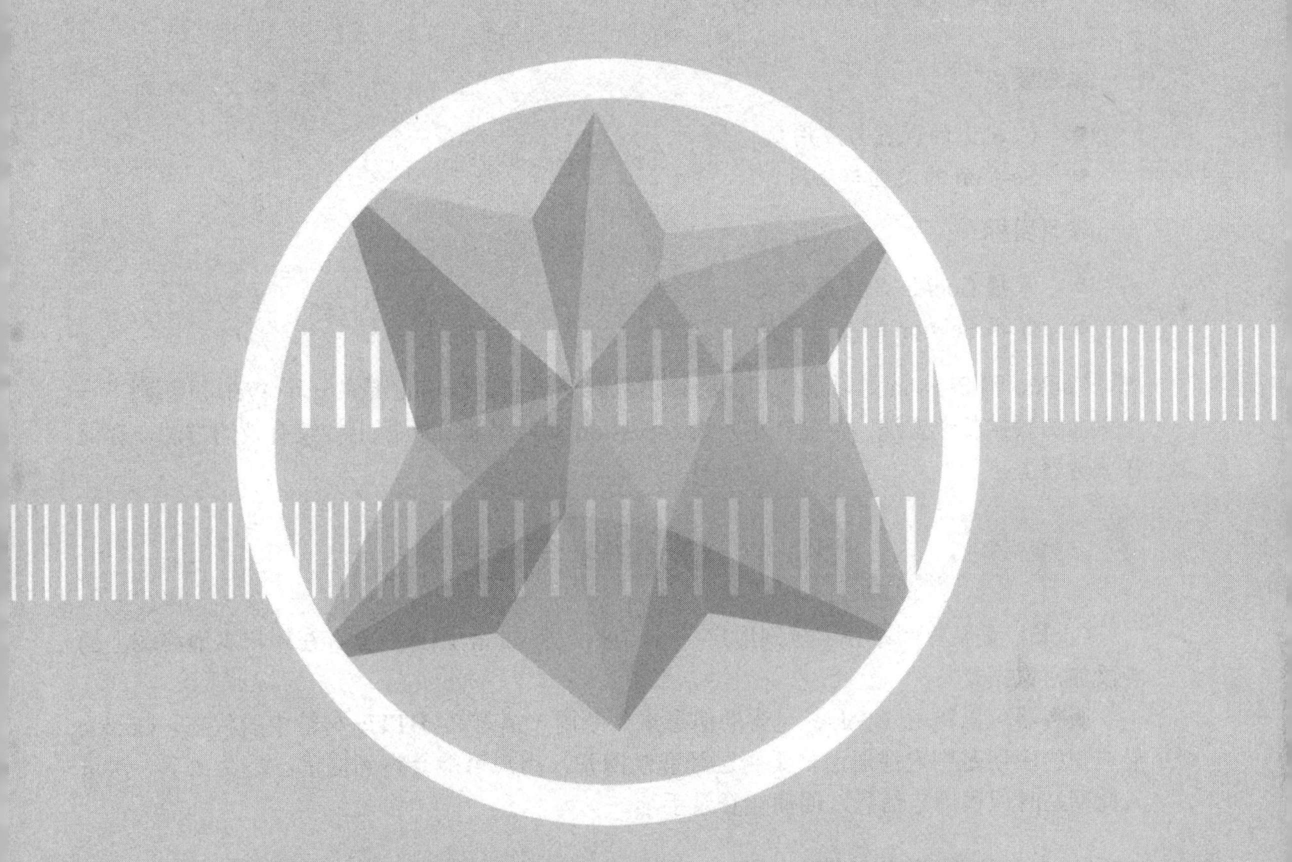

第 10 章

PHP 会话控制

本章要点

- Cookie 的设置与应用
- Session 的设置与应用

学习目标

- 掌握 Cookie 的应用方法
- 掌握 Session 的应用方法

Cookie 和 Session 是目前使用的两种信息存储机制。Cookie 是从一个 Web 页面到下一个页面的数据传递方法，存储在客户端；Session 是让数据在页面上持续有效的方法，存储在服务器上。

10.1 Cookie 会话技术

Cookie 是某些网站为了辨别用户身份、进行 Session 跟踪而储存在用户本地终端上的一段加密数据。

服务器可以利用 Cookie 包含的信息来判断用户信息在 HTTP 传输中的状态。Cookie 最典型的应用是判定注册用户是否已经登录网站，用户可能会得到提示，是否在下一次进入此网站时保留用户信息以便简化登录手续。

10.1.1 在浏览器中设置 Cookie

浏览器中均配备了 Cookie 的设置选项，用户可以根据需要来设置是否开启 Cookie。IE 浏览器设置 Cookie 的方法如下。

启动 IE 浏览器，单击“工具”菜单项，在其下拉菜单中选择“Internet 选项”命令，在弹出的对话框中，切换到“隐私”选项卡，通过拖动“设置”选项组中的滚动块来设置 IE 浏览器中的 Cookie 配置。一般情况下，用户将滚动块拖至“中”或“中高”，这样可以既保护隐私又开启了 Cookie，如图 10-1 所示。

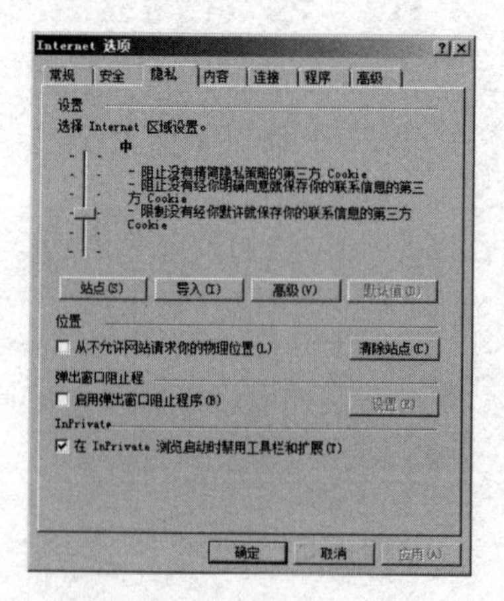

图 10-1　设置 Cookie

10.1.2　Cookie 的功能

Cookie 主要有以下 3 个方面的功能。

- 记录访客的某些信息。例如，利用 Cookie 记录用户访问网页的次数，或者记录访客曾经输入过的信息，还可以记录访客上次登录的用户名。
- 在页面之间传递变量。浏览器不会保存当前页面上的任何变量信息，当页面被关闭后，页面上变量的值也随之消失。但是可以通过 Cookie 将变量的值保存下来，在下一个页面可通过读取 Cookie 来获取该变量的值。
- 将所查看的 Internet 页面存储在 Cookie 临时文件夹下，这样可以提高以后的浏览速度。

10.1.3　Cookie 的分类

按照 Cookie 存在的时间，可分为“会话 Cookie”(或称“非持久 Cookie”)和“持久 Cookie”。

(1) 会话 Cookie。

若创建 Cookie 时没有指定 Cookie 的过期时间或设置的 Cookie 过期时间为过去的某个时间(小于当前的 UNIX 时间戳)，则该 Cookie 是一个会话 Cookie。当退出或关闭浏览器时，会在内存中删除此 Cookie。

(2) 持久 Cookie。

若创建 Cookie 时指定了 Cookie 的过期时间为将来的某个时间(大于当前的 UNIX 时间戳)，并且浏览器开启了 Cookie 设置，则该 Cookie 是一个持久 Cookie。持久 Cookie 的信息保存在浏览器端的磁盘文件中，该信息文件长期有效，除非出现下列三种情况才会失效。

① 当前的 UNIX 时间戳等于 Cookie 的过期时间。

② 用户手动删除了该持久 Cookie。

③ 浏览器中的 Cookie 过多，超过了浏览器所允许的范围，浏览器自动删除某些 Cookie。

10.1.4　创建 Cookie

在 PHP 程序中创建 Cookie，可以使用函数 setcookie()来实现，其语法格式如下：

```
bool setcookie(string name,string value,int expire,string path,string
    domain,int secure)
```

函数的功能：创建 Cookie，若创建成功，函数返回 TRUE，否则返回 FALSE。setcookie()函数的参数说明如表 10-1 所示。

表 10-1　setcookie()函数的参数说明

参　数	说　明
name	规定 Cookie 的名称
value	规定 Cookie 的值
expire	可选。规定 Cookie 的有效时间
path	可选。规定 Cookie 的服务器路径
domain	可选。规定 Cookie 的域名
secure	可选。规定是否通过安全的 HTTPS 连接来输出 Cookie

【实例 10-1】在 PHP 程序中创建 Cookie。

创建 PHP 程序文件 create_cookie.php，程序代码如下：

```
<?php
    //创建会话 Cookie:cookie1
    setcookie("cookie1","My_cookie1");
    //创建持久 Cookie: cookie2，有效时间为 60 秒
    setcookie("cookie2","My_cookie2",time()+60);
?>
```

提示： create_cookie.php 程序中没有为 cookie1 指定过期时间，所以 cookie1 是一个会话 Cookie，会话 Cookie 没有保存到磁盘文件中，当浏览器关闭后，cookie1 立刻失效。

10.1.5　读取 Cookie

在 PHP 程序中通过全局数组$_COOKIE[]来读取浏览器端的 Cookie 值。

【实例 10-2】读取 Cookie 值。

创建 PHP 程序文件 show_cookie.php，程序代码如下：

```
<?php
    header("Content-Type:text/html;charset=gb2312");
    if(isset($_COOKIE["cookie1"]))
        echo "会话 Cookie: ",$_COOKIE["cookie1"],"<br>";
    if(isset($_COOKIE["cookie2"]))
        echo "持久 Cookie: ",$_COOKIE["cookie2"];
?>
```

打开浏览器，先执行程序 create_cookie.php，然后再执行程序 show_cookie.php，则程序的运行结果如图 10-2 所示。

图 10-2　读取 Cookie

在上面的代码中，首先使用函数 isset()来判断所设置的 Cookie 是否存在，若存在，则输出 Cookie 的值。

10.1.6　删除 Cookie

当用户不需要 Cookie 时，可以删除 Cookie。删除 Cookie 的方法主要有以下两种。

(1)　使用函数 setcookie()删除 Cookie。

● 使用函数 setcookie()可以将 Cookie 的值设置为空。程序代码如下：

```
<?php
    setcookie("cookie2 ","");
?>
```

● 使用函数 setcookie()将 Cookie 的有效时间设置为过去的某个时间。程序代码如下：

```
<?php
    setcookie("cookie2","My_Cookie2",time()-3600);
?>
```

(2)　使用浏览器手动删除 Cookie。

选择浏览器菜单中的“工具”|“Internet 选项”命令，打开如图 10-3 所示的对话框。在“常规”选项卡中单击“删除”按钮，会弹出“删除浏览历史记录”对话框。选中“Cookie 和网站数据”复选框，单击“删除”按钮，即可删除全部 Cookie 文件，如图 10-4 所示。

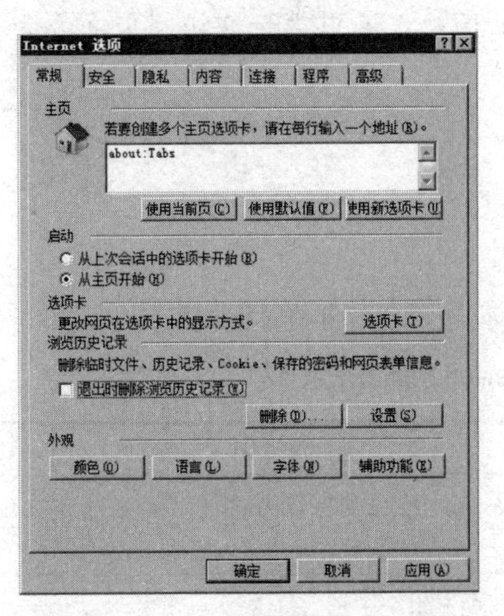

图 10-3　“Internet 选项”对话框

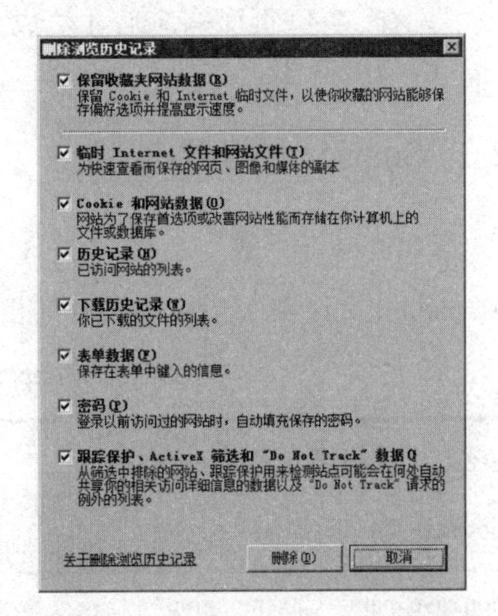

图 10-4　“删除浏览历史记录”对话框

10.2　Session 会话技术

10.2.1　了解 Session

Session 是指一个终端用户与交互系统进行通信的时间，通常是指注册进入系统到注销退出系统之间所经过的时间。

从用户使用浏览器第一次访问服务器到断开与服务器的连接为止，系统会生成一个 Session 会话生命周期，在此周期内，服务器会为每一个浏览器用户分配一个唯一的 Session ID 来标识当前的用户。Session ID 是一个加密的随机字符串，能够确保其唯一性和随机性，Session 信息保存在服务器端，确保 Session 信息的安全性。

10.2.2 Session 与 Cookie 的区别

Session 文件用来存储每个浏览器用户的信息，而且 Session 文件保存在服务器端。为了避免对服务器造成过大的负荷，Session 也存在着有效期的概念。同 Cookie 类似，当 Session 的有效期过后，Session 也会自动失效。Session 与 Cookie 有以下几点区别。

- Session 的信息保存在服务器端，Cookie 的信息保存在浏览器用户端。
- 浏览器用户可以禁用浏览器的 Cookie，但是无法停止服务器端 Session 的使用。
- 用户关闭浏览器只会使浏览器端的 Cookie 失效，不会使服务器端的 Session 失效。用户每次通过浏览器登录网站时，服务器都会生成一个新的 Session ID 和 Session 文件来使用。
- Session 存储的数据可以是复合数据类型，例如数组或对象；Cookie 存储字符串数据。
- 在使用 Session 第一次访问 Web 页面时，服务器端会产生 Session 信息，因此 Web 页面可以直接访问该 Session 信息；而 Cookie 在第一次访问 Web 页面时，只有 Web 页面响应后才生成 Cookie 信息，所以第一次访问页面不会访问到 Cookie 信息。

10.2.3 Session 的设置

1. 在 php.ini 中设置

在 php.ini 文件中有一些 Session 的相关配置，具体含义如表 10-2 所示。

表 10-2 php.ini 中 Session 的配置选项

配　置	含　义
session.save_handle=files	设置服务器端 Session 信息的保存方式。files 表示用文件存储 Session 信息
session.save_path="C:\xampp\tmp"	设置 Session 文件保存的路径
session.use_cookies=1	1 表示 Session ID 使用 Cookie 传递，0 表示使用查询字符串传递
session.name=PHPSESSID	Session ID 的名称
session.auto_start=0	设置浏览器请求服务器页面时，是否自动开启 Session。默认为 0，表示不自动开启 Session
session.cookie_lifetime=0	设置 Session ID 在 Cookie 中的过期时间。默认为 0，表示浏览器一旦关闭，Session ID 立即失效

续表

配　置	含　义
session.cookie_path=/	设置使用 Cookie 传递 Session ID 时，Cookie 的有效路径，默认为/
session.cookie_domain=	设置使用 Cookie 传递 Session ID 时，Cookie 的有效域名，默认为空
session.gc_maxlifetime=1440	设置 Session 文件在服务器端的存储时间，单位为秒。若超过这个时间，则 Seesion 文件自动被删除

2. 预定义系统变量 $_SESSION

$_SESSION 和$_COOKIE 一样，都是全局数组，$_SESSION 的功能如下。

- 使用$_SESSION 数组的赋值语句添加或修改数组元素，服务器以“键名|值类型:长度:值”的格式序列化到 Session 对应的 Session 文件中。
- 可以使用$_SESSION 数组读取 Session 文件中的信息。
- 可以使用 unset()函数释放内存中$_SESSION 数组的某些元素，此时 Session 文件中的对应信息也将被删除，但该函数无法删除 Session 文件。

10.2.4　Session 的启动和删除

1. Session 的启动

在 PHP 程序中要想启动 Session，必须调用 session_start()函数，其语法格式如下：

```
bool session_start()
```

该函数没有参数，返回值永远为 TRUE。

函数功能：

- 加载 php.ini 文件中有关 Session 的配置信息到 Web 服务器内存中。
- 创建 Session ID 或使用已有的 Session ID。
- 在 Web 服务器中创建 Session 或者解析已有的 Session 文件。
- 产生 Cookie 响应头信息，Cookie 响应头信息会随着响应发送给浏览器。

2. Session 的删除

如果要在 PHP 程序中删除 Session 信息，可以使用 PHP 提供的 unset()函数、session_unset()函数和 session _destroy()函数。

(1)　unset()函数的语法格式。

```
void unset(mixed var1,var2,…,varn)
```

函数的功能：释放给定的变量。

【实例 10-3】利用 unset()函数删除 Session 信息。

```
<?php
    session_start();                    //启动 Session
```

```
    header("Content-Type:text/html;charset=gb2312");
    $user="root";
    $pwd="abc123";
    $_SESSION["user_name"]="root";
    $_SESSION["password"]="abc123";
    unset($_SESSION["password"]);
?>
```

提示：利用 unset()函数可以删除指定的 Session 信息。

(2) session_unset()函数的语法格式。

```
void session_unset()
```

函数的功能：删除当前内存中$_SESSION 数组中的所有元素，并删除 Session 文件中的用户信息，但并不删除 Session 文件以及不释放对应的 Session ID。session_unset()函数等价于程序命令“$_SESSION=array();”。

(3) session_destroy()函数的语法格式。

```
bool session_destroy()
```

函数的功能：销毁 Session 文件，并将 Session ID 设置为 0，销毁成功后函数返回 TRUE，否则返回 FALSE。

【实例 10-4】Session 应用。

创建以下 PHP 程序文件，程序文件及用途如表 10-3 所示。

表 10-3 Session 程序文件及用途

程序文件	用　途
create_session.php	创建 Session 及其对应的值
show_session.php	显示所创建 Session 的值
update_session.php	修改 Session 的值
delete_session.php	删除 Session 中的一个信息
delete_all_session.php	删除全部的 Session

create_session.php 代码如下：

```
<?php
    session_start();                //启动 Session
    header("Content-Type:text/html;charset=gb2312");
    $_SESSION["user_name"]="root";
    $_SESSION["password"]="abc123";
    echo "已创建 Session!";
?>
```

程序运行结果如图 10-5 所示。

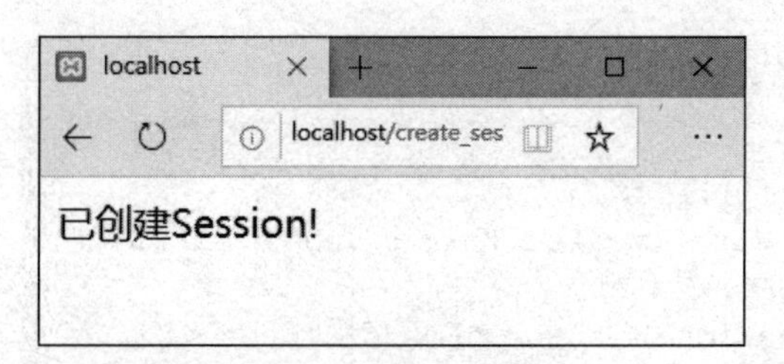

图 10-5 创建 Session

show_session.php 代码如下：

```
<?php
    session_start();
    $user_name=$_SESSION["user_name"];
    $password=$_SESSION["password"];
    echo "user_name: ", $user_name, "<br>";
    echo "password: ",$password;
?>
```

程序运行结果如图 10-6 所示。

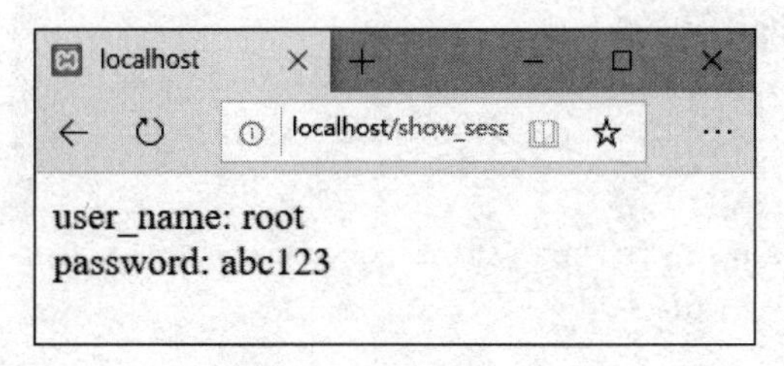

图 10-6 显示所创建的 Session

update_session.php 代码如下：

```
<?php
    session_start();
    header("Content-Type:text/html;charset=gb2312");
    $_SESSION["user_name"]="new_user";
    $_SESSION["password"]="new_password";
    echo "修改后的 Session:", "<br>";
    echo $_SESSION["user_name"], "<br>";
    echo $_SESSION["password"];
?>
```

程序运行结果如图 10-7 所示。

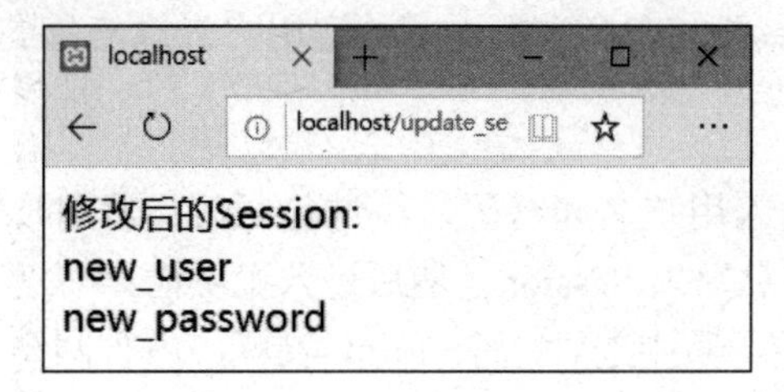

图 10-7 修改后的 Session

delete_session.php 代码如下：

```
<?php
    session_start();
    header("Content-Type:text/html;charset=gb2312");
    unset($_SESSION["user_name"]);
    echo "删除 Session 中的 user_name 信息";
?>
```

程序运行结果如图 10-8 所示。

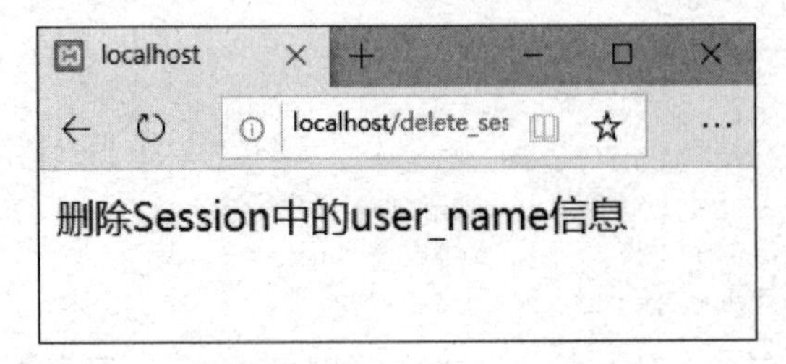

图 10-8　删除 Session 中的 user_name 信息

delete_all_session.php 代码如下：

```
<?php
    session_start();
    session_destroy();
    header("Content-Type:text/html;charset=gb2312");
    echo "Session 已全部被销毁！";
?>
```

程序运行结果如图 10-9 所示。

图 10-9　删除全部 Session 信息

10.3　综合实训案例

本节主要介绍利用 Session 在多个页面间传递用户登录信息的方法和步骤。

1. 分析

用户登录网站时，输入用户名和密码，经过验证后，若用户输入的用户名和密码是有效的，则将用户的登录信息写入 Session，然后进入主页面。

创建 login.html 页面，其中包含一个 form 表单，内含两个文本框，文本框的属性如表 10-4 所示。

表 10-4　文本框的属性

属　性	文本框 1	文本框 2
name	login_name	login_password
type	text	password

login.html 页面打开后，用户输入用户名和密码，然后单击“提交”按钮，如图 10-10 所示。

图 10-10　login.html 页面启动

创建 connect_mysql.php 用于连接数据库；创建 check_login.php，打开 user 表，验证用户提交的用户名和密码是否正确，若正确，则将提交的信息写入 Session，并进入主页面，否则返回到 login.html。

创建 main.php，显示 Session 信息。

2. 程序代码

login.html 代码如下：

```
<html>
<head>
<meta http-equiv="Content-Language" content="zh-cn">
<meta http-equiv="Content-Type" content="text/html; charset=gb2312">
<title>登录页面</title>
</head>
<body>
 <form action ="check_login.php" method=post>
<p align=center>欢迎登录</p>
用户名<input type="text" name="login_name" ><br/>
密码 <input type="password" name="login_password"><br/>
    <input type="submit" value="提交" name="B1">    
    <input type="reset" value="重置" name="B2"><br/>
</form>
</body>
</html>
```

connect_mysql.php 程序代码如下：

```
<?php
   global $conn;              //数据库连接标识符
   $host="localhost";         //MySQL 服务器地址
   $username="root";          //登录 MySQL 服务器用户名
```

```
    $password="";             //登录 MySQL 服务器密码
    $database="e-shop";       //要操作的数据库
    $conn=mysqli_connect($host,$username,$password,$database);
    mysqli_query($conn, "set names gb2312");
    if(mysqli_connect_errno($conn))
        die("MySQL 服务器连接失败！".mysqli_connect_error());
?>
```

check_login.php 程序代码如下：

```
<?php
    session_start();
    include_once("connect_mysql.php");
    $user=$_POST["login_name"];
    $pwd=$_POST["login_password"];
    $sql="select * from user where user='$user' and password='$pwd'";
    $get=mysqli_query($conn,$sql);
    $rows=mysqli_num_rows($get);
    if($rows>0){
        $_SESSION["login_user"]=$user;       //将登录用户名写入 Session
        $_SESSION["login_password"]=$pwd;    //将登录密码写入 Session
        header("Location:main.php");         //跳转入 main.php
    }
    else
        header("Location:login.html");
    }
?>
```

main.php 程序代码如下：

```
<?php
    header("Content-Type:text/html;charset=gb2312");
    echo "登录用户名：",$_SESSION["login_user"],"<br>";
    echo "登录密码：",$_SESSION["login_password"],"<br>";
?>
```

本 章 小 结

本章详细介绍了 PHP 中 Cookie 的特点和分类，创建、读取、删除 Cookie 的方法和步骤，以及 Session 的启动和删除。

习 题

1. 创建 Cookie，名称为 my_cookie，有效时间为 2 分钟。

2. 已知变量$user_name 的值为 john，$user_password 的值为 abc123，将其写入 Session 并显示 Session 信息。

3. 已知变量$name 的值为 Candy，$type 的值为 admin，将其写入 Session，然后删除 type 的 Session 信息。

第 11 章

图形图像处理

本章要点

- 了解 GD2 函数库
- 通过 GD2 绘制各种图形
- 绘制文字

学习目标

- 掌握 GD2 下各种图形的绘制
- 掌握 GD2 下文字的绘制

11.1 GD 函数库

11.1.1 了解 GD 函数库

利用 PHP 程序不仅可以输出 HTML 文件，还可以创建和操作各种不同格式的图像文件，设置输出图像流到浏览器。要想在 PHP 程序中实现图形图像的处理，就要在编译 PHP 程序时加载图像函数库——GD 库。

GD 函数库是一个动态创建图像的开源的函数库，可以从官方网站 http://libgd.github.io/下载最新版的 GD 库，目前 GD 库最新版为 2.9.1，PHP 绑定的 GD 库版本为 2.1，所以 GD 库简称为 GD2。

11.1.2 设置 GD2 函数库

如果想要查看在 PHP 中是否已配置 GD2 属性，可以打开 php.ini 文件，找到选项“extension=gd2”，如图 11-1 所示，表明 PHP 已将 GD2 函数库作为默认的扩展。

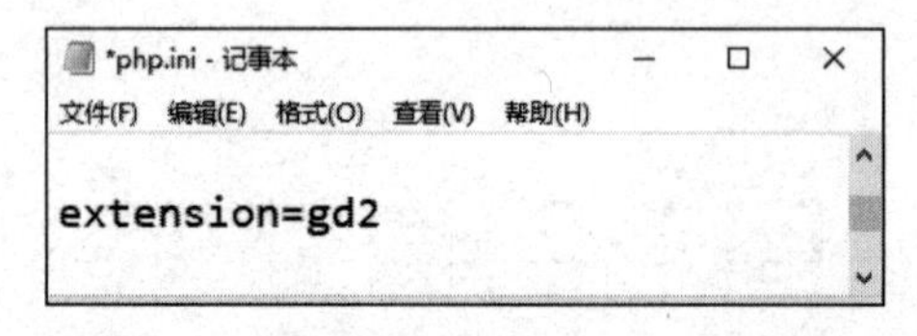

图 11-1　php.ini 文件中关于 GD2 的设置

加载 GD2 成功后，可以通过 phpinfo()函数来获取 GD2 函数库的安装信息。编辑 PHP 程序文件，写入以下代码：

```
<?php
  phpinfo();
?>
```

在运行的页面上可以找到 gd 栏目，如图 11-2 所示。

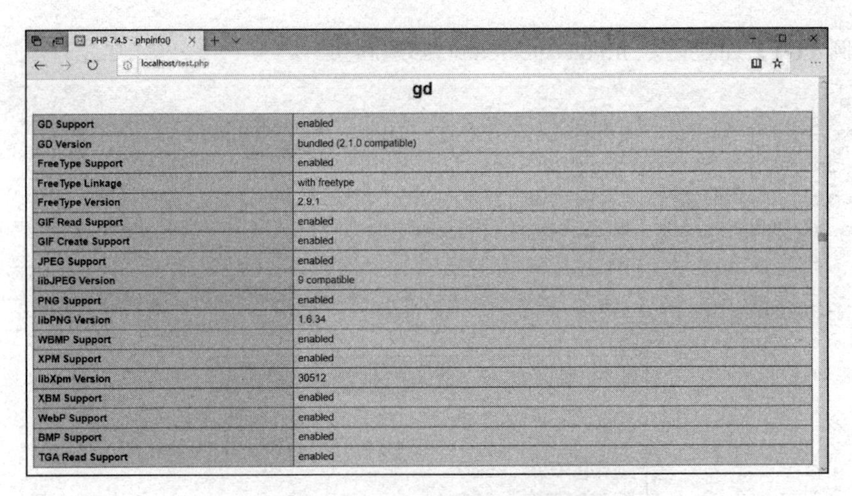

gd

GD Support	enabled
GD Version	bundled (2.1.0 compatible)
FreeType Support	enabled
FreeType Linkage	with freetype
FreeType Version	2.9.1
GIF Read Support	enabled
GIF Create Support	enabled
JPEG Support	enabled
libJPEG Version	9 compatible
PNG Support	enabled
libPNG Version	1.6.34
WBMP Support	enabled
XPM Support	enabled
libXpm Version	30512
XBM Support	enabled
WebP Support	enabled
BMP Support	enabled
TGA Read Support	enabled

图 11-2　GD2 函数库安装信息

11.2　常见图像处理

PHP 中的 GD2 函数库用于创建或处理图像，通过 GD2 函数库可以生成统计图表、动态图形、图形验证码等。在 PHP 程序中处理图像的操作主要分为以下 4 个步骤。

(1) 创建画布。

(2) 在画布上绘制图形。

(3) 保存并输出图像。

(4) 销毁图像资源。

11.2.1　创建画布

在 PHP 程序中，无论创建什么样的图像都要先创建一个画布，其他的操作都是在画布上完成的。创建画布可以通过函数 imagecreate()和 imagecreatetruecolor()来完成，其语法格式如下：

```
resource imagecreate(int x_size, int y_size)
resource imagecreatetruecolor(int x_size, int y_size)
```

函数功能：创建一个指定大小的画布。imagecreate()函数创建的是一个基于普通调色板的图像，通常支持 256 色。imagecreatetruecolor()函数创建的是一个真彩色的画布。这两个函数的返回值为一个图像标识符，以后可以通过函数 imagesX()和 imagesY()来获取画布的高度和宽度。

函数的参数说明如表 11-1 所示。

表 11-1　imagecreate()和 imagecreatetruecolor()函数的参数说明

参　数	说　明
x_size	图像横向的尺寸，以像素为单位
y_size	图像纵向的尺寸，以像素为单位

【**实例 11-1**】通过函数 imagetruecreate()创建画布。

```
<?php
    header("Content-Type:text/html;charset=gb2312");
    $image=imagecreatetruecolor(500,600);
    echo "画布的宽度: ",imagesX($image),"<br>";
    echo "画布的高度: ",imagesY($image);
?>
```

程序运行结果如图 11-3 所示。

图 11-3　实例 11-1 的运行结果

11.2.2　设置颜色

画布创建完成后，接下来就要设置图像的颜色。颜色的设置可以通过函数imagecolorallocate()来完成，其语法格式如下：

```
int imagecolorallocate(resource image, int red, int green, int blue)
```

函数功能：为画布中创建的图像填充颜色，并且为画布本身填充颜色。

imagecolorallocate()函数的参数说明如表 11-2 所示。

表 11-2　imagecolorallocate()函数的参数说明

参　数	说　明
image	图像的标识符
red	红色颜色值，取值 0~255
green	绿色颜色值，取值 0~255
blue	蓝色颜色值，取值 0~255

【**实例 11-2**】为画布填充颜色。

```
<?php
   header("Content-type:image/jpeg");
   $image=imagecreate(300,100);                          // 创建画布
   $color=imagecolorallocate($image,160,220,100);      //为画布填充颜色
?>
```

11.2.3　生成图像

当画布创建完成并填充颜色后，就可以生成图像和输出文字了。在 PHP 中可以直接生

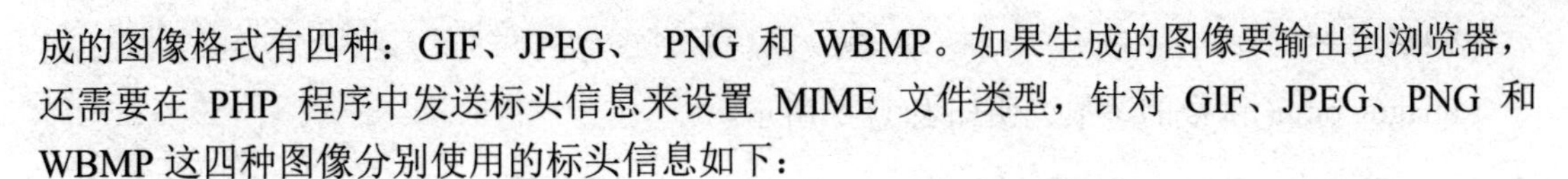

成的图像格式有四种：GIF、JPEG、 PNG 和 WBMP。如果生成的图像要输出到浏览器，还需要在 PHP 程序中发送标头信息来设置 MIME 文件类型，针对 GIF、JPEG、PNG 和 WBMP 这四种图像分别使用的标头信息如下：

- content-type:image/gif
- content-type:image/jpeg
- content-type:image/png
- content-type:image/wbmp

1. imagegif()函数

imagegif()以 GIF 格式将图像输出到浏览器，其语法格式如下：

```
bool imagegif(resource image,string filename)
```

imagegif()函数的参数说明如表 11-3 所示。

表 11-3　imagegif()函数的参数说明

参　数	说　明
image	规定由 imagecreate()或 imagecreatetruecolor()创建的图像标识符
filename	可选。指定输出图像的文件名，若忽略，则原始图像流将被直接输出

2. imagejpeg()函数

imagejpeg()以 JPEG 格式将图像输出到浏览器，其语法格式如下：

```
bool imagejpeg(resource image,string filename,int quality)
```

imagejpeg()函数的参数说明如表 11-4 所示。

表 11-4　imagejpeg()函数的参数说明

参　数	说　明
image	规定由 imagecreate()或 imagecreatetruecolor()创建的图像标识符
filename	可选。指定输出图像的文件名，若忽略，则原始图像流将被直接输出
quality	可选。规定图像质量。取值范围从 0(最差质量，文件最小)到 100(最佳质量，文件最大)，默认为 75

3. imagepng()函数

imagepng()以 PNG 格式将图像输出到浏览器，其语法格式如下：

```
bool imagepng(resource image,string filename)
```

imagepng()函数的参数含义与 imagegif()函数的参数含义相同。

4. imagewbmp()函数

imagewbmp()以 WBMP 格式将图像输出到浏览器，其语法格式如下：

```
bool imagewbmp(resource image,string filename,int foreground)
```

imagewbmp()函数的参数说明如表 11-5 所示。

表 11-5　imagewbmp()函数的参数说明

参　数	说　明
image	规定由 imagecreate()或 imagecreatetruecolor()创建的图像标识符
filename	可选。指定输出图像的文件名，若忽略，则原始图像流将被直接输出
foreground	可选。规定前景色，默认前景色为黑色

【实例 11-3】创建画布并输出。

```
<?php
    header("Content-type:image/jpeg");
    $image=imagecreate(300,100);                           // 创建画布
    $color=imagecolorallocate($image,160,220,100);  //填充画布
    imagejpeg($image);
?>
```

程序运行结果如图 11-4 所示。

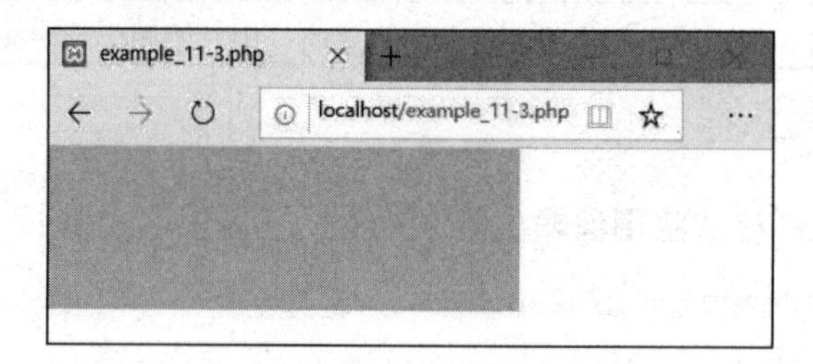

图 11-4　实例 11-3 的运行结果

11.2.4　销毁图像

PHP 程序处理图像的最后一个环节就是销毁图像。所谓销毁图像就是释放内存与指定图像的存储单元，可以通过 imagedestroy()函数来完成。该函数的语法格式如下：

```
bool imagedestroy(resource image)
```

函数功能：释放与图像标识 image 关联的内存。其中参数 image 是由图像创建函数返回的图像标识符。

【实例 11-4】创建画布并输出。

```
<?php
    header("Content-type:image/jpeg");
    $image=imagecreate(300,100);                            //创建画布
    $color=imagecolorallocate($image,160,220,100);      //填充画布
    imagejpeg($image);                                      //输出 JPEG 图像
    imagedestroy($image);                                   //销毁图像资源
?>
```

11.2.5　绘制点与线

在 PHP 程序中绘制图像，首先要明确绘图坐标系的设置。坐标的原点(0,0)位于画布的左上角，从左向右为 x 轴的正方向，从上向下为 y 轴的正方向，图像以像素为单位。

1. 绘制点

在 PHP 程序中绘制点，可以通过函数 imagesetpixel()来完成。该函数的语法格式如下：

```
bool imagesetpixel(int image,int x,int y,int color)
```

函数功能：在 image 图像上用颜色 color 在坐标(x,y)上绘制一个点。

【实例 11-5】在画布上绘制点。

```
<?php
   header("Content-type:image/jpg");
   $image=imagecreate(300,200);                          // 创建画布
   $color=imagecolorallocate($image,215,215,215);        //画布的填充颜色
   $color1=imagecolorallocate($image,0,0,0);             //点的颜色
   for($i=10;$i<200;$i+=10)                              //在画布上绘制点
       imagesetpixel($image,$i+30,$i+20,$color1);
   imagejpeg($image);                                    //输出 JPEG 图像
   imagedestroy($image);                                 //销毁图像资源
?>
```

程序运行结果如图 11-5 所示。

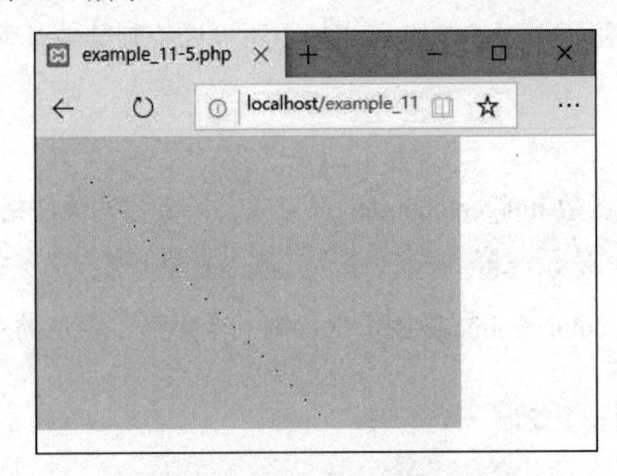

图 11-5　实例 11-5 的运行结果

2. 绘制线

在 PHP 程序中绘制直线，可以通过函数 imageline()来完成。该函数的语法格式如下：

```
bool imageline(int image,int x1,int y1,int x2,int y2,int color)
```

函数功能：在 image 图像上用颜色 color 从坐标(x1,y1)到坐标(x2,y2)绘制一条直线。

【实例 11-6】在画布上绘制一条直线。

```
<?php
    header("Content-type:image/jpeg");
    $image=imagecreate(300,200);                          //创建画布
    $color=imagecolorallocate($image,215,215,215);        //画布的填充颜色
    $color1=imagecolorallocate($image,0,0,0);             //线的颜色
    imageline($image,20,20,150,150,$color1);
    imagejpeg($image);                                    //输出 JPEG 图像
    imagedestroy($image);                                 //销毁图像资源
?>
```

程序的运行结果如图 11-6 所示。

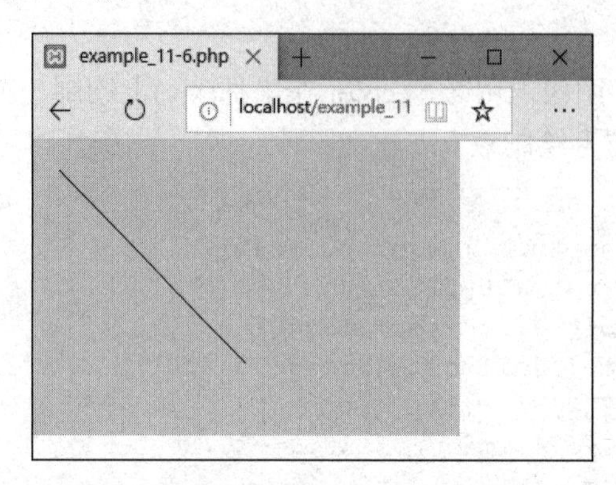

图 11-6　实例 11-6 的运行结果

11.2.6　绘制几何图形

在 PHP 程序中，除了可以绘制点和线外，还可以绘制其他几何图形，如矩形、多边形、弧线、圆和椭圆等。

1. 绘制矩形

绘制矩形可以通过函数 imagerectangle()来完成。该函数的语法格式如下：

```
bool  imagerectangle(resource image,int x1,int y1,int x2,int y2,int color)
```

函数功能：用颜色 color 在 image 图像上绘制一个矩形，矩形的左上角坐标为(x1,y1)，右下角坐标为(x2,y2)。

【实例 11-7】在画布上绘制一个矩形。

```
<?php
    header("Content-type:image/jpeg");
    $im=imagecreate(300,200);                          //创建画布
    $color=imagecolorallocate($im,215,215,215);        //画布的填充颜色
    $color1=imagecolorallocate($im,0,0,0);             //矩形的边框线颜色
    imagerectangle($im,20,20,150,150,$color1);
    imagejpeg($im);                                    //输出 JPEG 图像
    imagedestroy($image);                              //销毁图像资源
?>
```

程序的运行结果如图 11-7 所示。

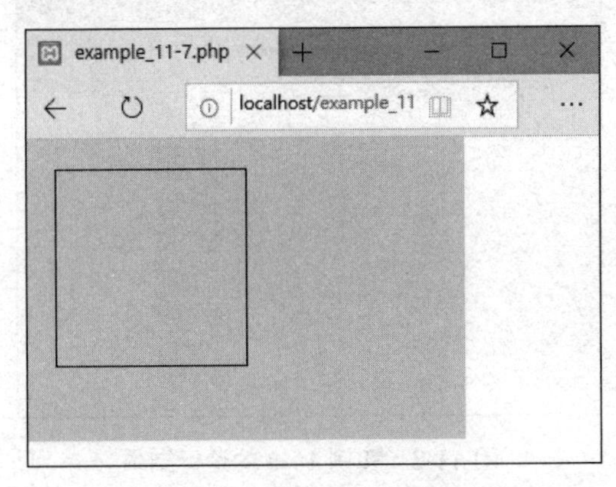

图 11-7　实例 11-7 的运行结果

2. 绘制多边形

多边形的绘制可以通过函数 imagepolygon()来完成。该函数的语法格式如下：

```
bool imagepolygon(resource image,array points,int num_points,int color)
```

imagepolygon()函数的参数说明如表 11-6 所示。

表 11-6　imagepolygon()函数的参数说明

参　数	说　明
image	规定由 imagecreate()或 imagecreatetruecolor()创建的图像标识符
points	一个 PHP 数组，包含多边形各顶点的坐标，即 point[0]=x0，points[1]=y0，point[2]=x2，points[3]=y2，…
num_points	多边形顶点的个数。参数 num_points 的值不大于参数 points 提供的顶点的个数
color	规定多边形边线的颜色

【**实例 11-8**】在画布上绘制一个多边形。

```
<?php
    header("Content-type:image/jpeg");
    $im=imagecreate(300,200);                         // 创建画布
    $color=imagecolorallocate($im,215,215,215);       //画布的填充颜色
    $color1=imagecolorallocate($im,0,0,0);            //多边形边线的颜色
    imagepolygon($im,array(20,20,175,90,110,165,75,75),4,$color1);
    imagejpeg($im);                                   //输出 JPEG 图像
    imagedestroy($im);                                //销毁图像资源
?>
```

程序的运行结果如图 11-8 所示。

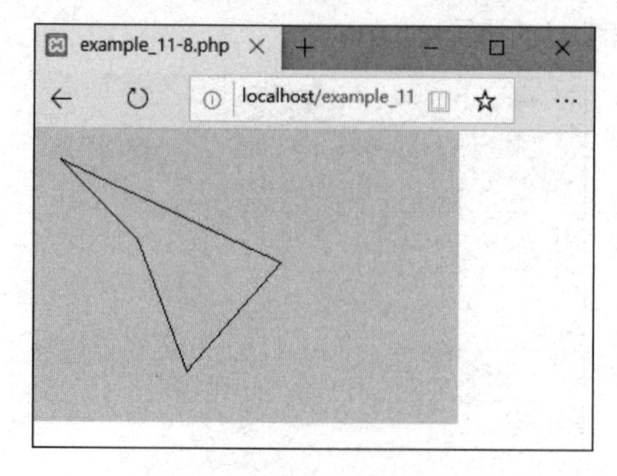

图 11-8　实例 11-8 的运行结果

3. 绘制弧线

在 PHP 程序中可以通过函数 imagearc()来绘制椭圆弧。该函数的语法格式如下：

```
bool imagearc(resource image,int cx,int cy,int w,int h,int s,int e,int
    color)
```

imagearc()函数的参数说明如表 11-7 所示。

表 11-7　imagearc()函数的参数说明

参　数	说　明
image	规定由 imagecreate()或 imagecreatetruecolor()创建的图像标识符
cx,cy	椭圆的中心坐标
w,h	w：椭圆的水平轴长，h：椭圆的垂直轴长
s,e	s：椭圆弧的起始角度，e：椭圆弧的结束角度
color	椭圆弧的边线颜色

【实例 11-9】在画布上绘制圆、椭圆及椭圆弧。

```
<?php
  header("Content-type:image/jpeg");
  $im=imagecreate(300,200);                              //创建画布
  $color=imagecolorallocate($im,215,215,215);            //画布的填充颜色
  $color1=imagecolorallocate($im,10,20,100);             //边线的颜色
  imagearc($im,60,100,100,100,0,360,$color1);            //画圆
  imagearc($im,200,130,100,70,0,360,$color1);            //画椭圆
  imagearc($im,200,80,100,70,180,360,$color1);           //画椭圆弧
  imagejpeg($im);                                        //输出 JPEG 图像
  imagedestroy($im);                                     //销毁图像资源
?>
```

程序的运行结果如图 11-9 所示。

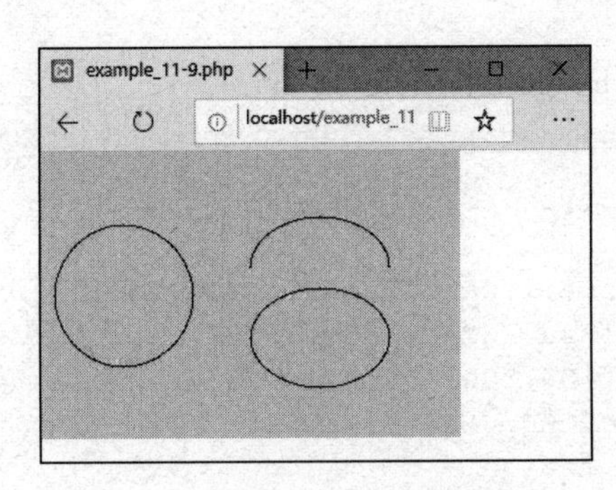

图 11-9　实例 11-9 的运行结果

4. 设置线的宽度

用 PHP 绘制几何图形时，默认的边线宽度为 1 像素。可以通过函数 imagesetthickness()来改变边线的宽度。函数的语法格式如下：

```
bool imagesetthickness(resource image,int thickness)
```

函数功能：设置直线、矩形、多边形等图像边线的宽度为 thickness 像素。如果成功，则返回 TRUE，否则返回 FALSE。

在实例 11-8 中，如要设置所绘制的图形边线的宽度为 5 像素，可以在设置边线颜色的语句之后添加命令：

```
imagesetthickness($im,5);
```

11.2.7　填充几何图形

在 PHP 程序中，有时候需要对图形进行填充，比如绘制圆饼图时，就需要对图形进行填充。

1. 区域填充

区域填充就是针对图形中的某个区域进行填充。区域填充可以通过 imagefill()函数或 imagefill to border()函数来完成。

imagefill()函数的语法格式如下：

```
bool imagefill(resource image,int x,int y,int color)
```

函数功能：从坐标点(x,y)开始，用颜色 color 将与坐标点(x, y)相邻且颜色相同的点进行填充。

imagefill()函数的参数说明如表 11-8 所示。

表 11-8　imagefill()函数的参数说明

参　数	说　明
image	规定由 imagecreate()或 imagecreatetruecolor()创建的图像标识符
x,y	开始填充的点的坐标。x、y 以像素为单位
color	填充的颜色

【实例 11-10】用函数 imagefill()填充图形。

```
<?php
    header("Content-type:image/jpeg");
    $im=imagecreate(300,200);                          //创建画布
    $color=imagecolorallocate($im,215,215,215);        //画布的填充颜色
    $color1=imagecolorallocate($im,10,20,100);         //边线的颜色
    imagearc($im,60,100,100,100,0,360,$color1);        //画圆
    imagefill($im,60,100,$color1);                     //填充圆
    imagejpeg($im);                                    //输出 JPEG 图像
    imagedestroy($im);                                 //销毁图像资源
?>
```

程序的运行结果如图 11-10 所示。

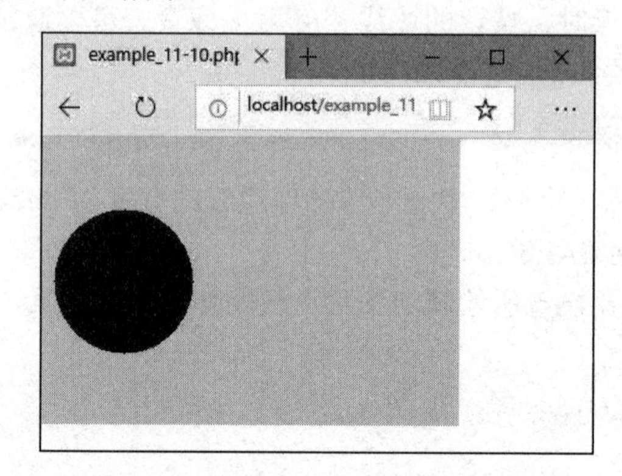

图 11-10　实例 11-10 的运行结果

imagefilltoborder()函数的语法格式如下：

```
bool imagefilltoborder(resource image,int x,int y,int border,int color)
```

函数功能：从坐标点(x,y)开始，用颜色 color 开始填充，直到遇到颜色为 border 的边界为止。

imagefilltoborder()函数的参数说明如表 11-9 所示。

表 11-9　imagefilltoborder()函数的参数说明

参　数	说　明
image	规定由 imagecreate()或 imagecreatetruecolor()创建的图像标识符
x,y	开始填充的点的坐标。x、y 以像素为单位
border	填充边界的颜色
color	填充的颜色

【实例 11-11】用函数 imagefilltoborder()填充图形。

```
<?php
    header("Content-type:image/jpeg");
    $im=imagecreate(300,200);                              //创建画布
    $color=imagecolorallocate($im,215,215,215);            //画布的填充颜色
```

```
    $color1=imagecolorallocate($im,10,20,100);           //边线的颜色
    $color2=imagecolorallocate($im,150,150,150);         //填充的颜色
    imagearc($im,60,100,100,100,0,360,$color1);          //画圆
    imagefilltoborder($im,60,100,$color1,$color2);       //填充圆
    imagejpeg($im);                                      //输出 JPEG 图像
    imagedestroy($im);                                   //销毁图像资源
?>
```

程序的运行结果如图 11-11 所示。

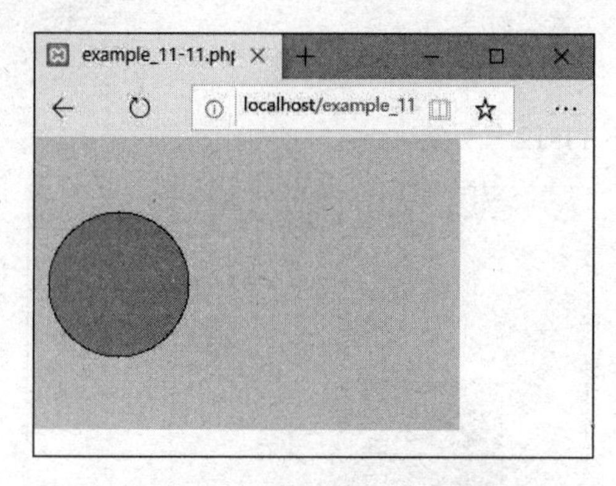

图 11-11 实例 11-11 的运行结果

提示： 使用 imagefilltoborder()函数进行填充时，边界内的所有颜色都会被填充。如果指定的边界色和某点颜色相同，则该点不会被填充；如果图像中没有该边界色，则整幅图像都会被填充。

2. 矩形、多边形和椭圆形的填充

PHP 还提供了填充矩形、多边形和椭圆形的函数，如 imagefilledrectangle()、imagefilledpolygon 和 imagefilledellipse()。

这三个函数的使用方法是相同的，这里仅对 imagefilledrectangle()函数进行讲解。该函数的语法格式如下：

```
bool imagefilledrectangle(resource image,int x1,int y1,int x2,int y2,int
    color)
```

函数功能：在 image 图像中绘制一个矩形，并用颜色 color 填充该矩形。矩形左上角的坐标为(x1,y1)，右下角的坐标为(x2,y2)。

函数的参数说明如表 11-10 所示。

表 11-10 imagefilledrectangle()函数的参数说明

参 数	说 明
image	规定由 imagecreate()或 imagecreatetruecolor()创建的图像标识符
x1,y1	矩形左上角的坐标
x2,y2	矩形右下角的坐标
color	填充矩形的颜色

【实例 11-12】使用函数 imagefilledrectangle()绘制并填充图形。

```
<?php
    header("Content-type:image/jpeg");
    $im=imagecreate(300,200);                              //创建画布
    $col=imagecolorallocate($im,215,215,215);              //画布的填充颜色
    $col1=imagecolorallocate($im,10,20,100);               //填充的颜色
    imagefilledrectangle($im,60,60,180,150,$col1);         //绘制并填充矩形
    imagejpeg($im);                                        //输出 JPEG 图像
    imagedestroy($im);                                     //销毁图像资源
?>
```

程序的运行结果如图 11-12 所示。

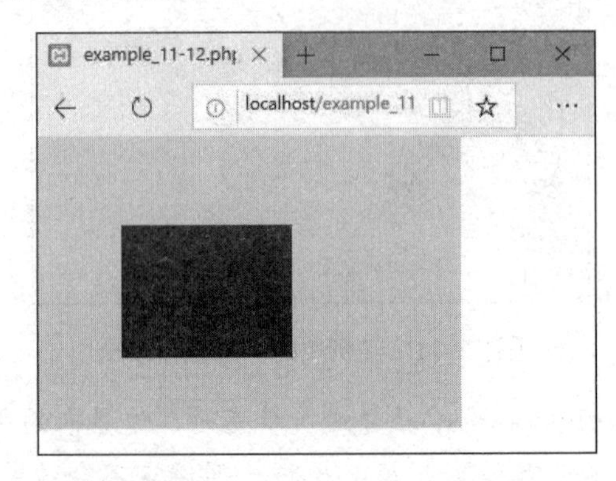

图 11-12　实例 11-12 的运行结果

11.2.8　绘制文字

在 PHP 程序中，可以通过 GD2 函数库来绘制英文字符串，也可以绘制中文字符串。

1. 绘制英文字符串

绘制英文字符串可以应用 imagestring()函数，其语法格式如下：

```
bool imagestring(resource image,int font,int x,int y,string str,int
   color)
```

函数功能：用 color 颜色将字符串 str 水平绘制到 image 所代表的坐标(x,y)处。其中，坐标(x,y)是指字符串左上角的坐标。如果 font 是 1、2、3、4 或 5，则使用内置字体。

【实例 11-13】使用 imagestring()函数绘制英文字符串。

```
<?php
    header("Content-type:image/jpeg");
    $im=imagecreate(300,100);                              //创建画布
    $col=imagecolorallocate($im,215,215,215);              //画布的填充颜色
    $col1=imagecolorallocate($im,0,0,0);                   //英文字符串的颜色
$fontsize=5;
$x=85;  $y=45;
$content="Hello PHP";
    imagestring($im,$fontsize,$x,$y,$content,$col1);   //绘制字符串
```

```
    imagejpeg($im);                                          //输出 JPEG 图像
    imagedestroy($im);                                       //销毁图像资源
?>
```

程序的运行结果如图 11-13 所示。

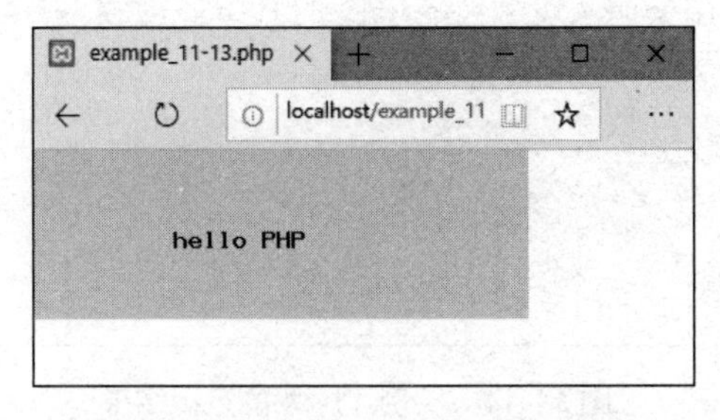

图 11-13　实例 11-13 的运行结果

2. 绘制中文字符串

应用 imagettftext()函数可以水平绘制中文字符串，其语法格式如下：

```
array imagettftext(resource image,float size,float angle,int x,int y,int
   color,string fontfile,string text)
```

函数功能：用 color 颜色将中文字符串 text 绘制到 image 所代表的坐标(x,y)处。其中，坐标(x,y)是指字符串左上角的坐标。

imagettftext()函数的参数说明如表 11-11 所示。

表 11-11　imagettftext()函数的参数说明

参　数	说　明
image	规定由 imagecreate()或 imagecreatetruecolor()创建的图像标识符
size	规定字体的大小，单位为磅
angle	规定字体的角度，单位为度
x,y	规定文字的 x 坐标值和 y 坐标值
color	规定文字的颜色
fontfile	规定字体的文件名称
text	规定要输出的中文字符串内容

【实例 11-14】使用 imagettftext()函数绘制中文字符串。

```
<?php
    header("Content-type:image/jpeg");
    $text=iconv("gb2312","utf-8","你好");                    //转换字符串的编码格式
    $im=imagecreate(300,100);                                //创建画布
    $col=imagecolorallocate($im,215,215,215);                //画布的填充颜色
    $col1=imagecolorallocate($im,0,0,0);                     //中文字符串的颜色
    $font="c:/windows/fonts/simhei.ttf";                     //设置字体为简体黑体字
    imagettftext($im,30,0,100,60,$col1,$font,$text);         //绘制字符串
    imagejpeg($im);                                          //输出 JPEG 图像
```

```
    imagedestroy($im);                                   //销毁图像资源
?>
```

程序的运行结果如图 11-14 所示。

图 11-14　实例 11-14 的运行结果

说明：　由于 GD2 函数库支持 UTF-8 编码格式的中文，因此，在使用函数 imagettftext()绘制中文字符串时，一定要将所绘制的中文字符串转换为 UTF-8 编码格式，否则不能正确输出，此时必须使用函数 icnov()将字符串的编码格式转换为 UTF-8 编码格式。

11.3　综合实训案例

本节主要介绍通过 GD2 函数生成图形验证码的方法。

在网页上使用图形验证码主要是为了提高站点的安全性，避免网页被恶意重复提交。本实例利用 GD2 函数设计一个可刷新的图形验证码，运行结果如图 11-15 所示。

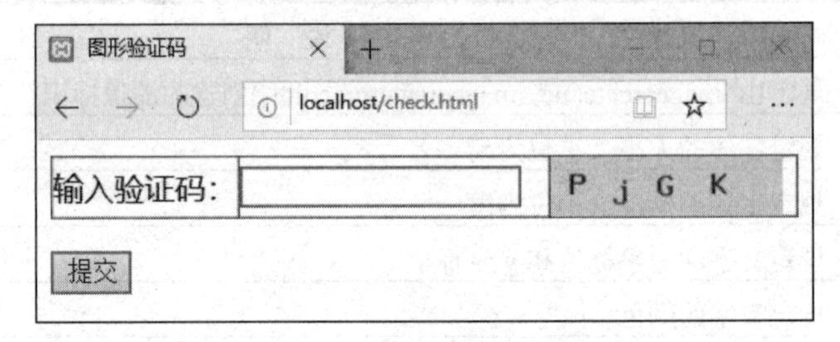

图 11-15　图形验证码运行结果

下面介绍具体操作步骤。

(1)　创建 check.html 静态网页文件。在该文件中定义 form 表单，在表单中定义文本框控件。程序代码如下：

```
<html>
<head>
<meta charset="gb2312">
<title>图形验证码</title>
</head>
<body style="text-align: left">
<form action="register.php" method="post">
输入验证码：<input type="text" name="verify" >
```

```
<img src="verify.php"  onclick="this.src='verify.php?'+new
Date().getTime();">
<p><input type="submit" value="提交"></p>
</form>
</body>
</html>
```

(2) 创建 PHP 程序文件 verify.php。该程序文件的功能就是生成图像验证码。

```
<?php
  session_start();
header('content-type:image/jpeg');
$image=imagecreatetruecolor(120, 30);
$bgcolor=imagecolorallocate($image,215,215,215);
imagefill($image,0,0,$bgcolor);
$ch1="ABCDEFGHIJKLMNOPQRSTUVWXYZabcdefghijklmnopqrstuvwxyz";
$ch2="0123456789";
$content=$ch1.$ch2;
$captcha="";
for($i=0;$i<4;$i++) {
     $fontsize=30;
     $fontcolor=imagecolorallocate($image,mt_rand(0,120),mt_rand(0,120),
         mt_rand(0, 120));
     $fontcontent=substr($content,mt_rand(0,strlen($content)),1);
     $captcha=$captcha.$fontcontent;
     $x=($i*100/4)+mt_rand(5,10);
     $y=mt_rand(5,10);
     imagestring($image,$fontsize,$x,$y,$fontcontent,$fontcolor);
}
$_SESSION["verifyimg"]=$captcha;
imagejpeg($image);
imagedestroy($image);
?>
```

(3) 创建 PHP 程序文件 register.php。该程序文件的功能就是检查所提交的验证码与生成的验证码是否相同。程序代码如下：

```
<?php
  header("Content-Type:text/html;charset=gb2312");
  session_start();
  $verify=$_POST["verify"];
  if(strtolower($_SESSION["verifyimg"])==strtolower($verify)){
     echo "验证码正确！";
     $_SESSION["verify"] = "";
}
else{
    echo "验证码错误！";
}
?>
```

本 章 小 结

本章详细介绍了 PHP 中图形图像的处理方法和步骤。在 PHP 程序中处理图形图像首先要设置画布，然后可以在画布上生成图像、绘制文字，最后销毁图像。

习　　题

1. 编写程序，在页面上绘制一个三角形，三个点的坐标依次为(20,20)、(130,130)和(60,180)。
2. 编写程序，在页面上绘制一个圆并用红色(200,2,2)填充。
3. 编写程序，在页面上绘制文字，文字内容为“欢迎你登录”。

第 12 章

文件和目录操作

本章要点

- 文件的打开、读取、写入、删除、移动及重命名等操作
- 目录的打开、读取、创建及删除等操作
- 文件的上传及下载

学习目标

- 掌握文件的打开、读取、写入、删除和移动等操作方法
- 掌握目录的打开、读取、创建和删除等操作方法

12.1 文件的处理

在 PHP 编程中，经常采用数据库和文本文件两种方式存储数据。对于大量的数据，适合采用数据库存储；若只有少量的数据，利用文件来存取是非常便捷的。文件操作可以通过 PHP 提供的文件系统函数来完成。文件的操作一般按以下 3 个步骤进行。

- 打开文件。
- 读取/写入文件。
- 关闭文件。

12.1.1 打开文件

打开文件是对文件继续操作的第一个步骤。可以使用 fopen()函数来完成，语法格式如下：

```
resource  fopen(string filename,string mode,bool use_include_path,
    resource context)
```

函数功能：打开指定的文件。如果打开失败，则函数返回 FALSE。

函数的参数说明如表 12-1 所示。

表 12-1 函数 fopen()的参数说明

参　数	说　明
filename	规定要打开的文件
mode	规定打开文件的模式，具体的可选值见表 12-2
use_include_path	可选，决定是否在 include_path(php.ini 中的选项)定义的目录中搜索 filename 文件
context	可选，称为上下文，用于控制流的操作特性

表 12-2 参数 mode 的可选值

参　数	方式名称	说　明
r	只读	以读模式读文件，文件指针位于文件头部
w	只写	以写模式写入文件，文件指针位于文件头部。若该文件已存在，则该文件的原有内容被删除；若该文件不存在，则函数将创建这个文件

续表

参　数	方式名称	说　明
w+	读写	以写模式读、写文件，文件指针位于文件头部。若该文件已存在，则该文件的原有内容被删除；若该文件不存在，则函数将创建这个文件
x	谨慎写	以写模式打开文件，从文件头部开始写入。若文件已经存在，则该文件不会被打开，函数返回 FALSE，PHP 将产生一个警告
x+	谨慎写	以读/写模式打开文件，从文件头部开始写入。若文件已经存在，则该文件将不会被打开，函数返回 FALSE，PHP 将产生一个警告
a	追加	以追加模式打开文件，文件指针指向文件尾部。若文件存在，则从文件尾部追加；若该文件不存在，函数将创建这个文件
a+	追加	以追加模式打开文件，文件指针指向文件尾部。若文件存在，则从文件尾部追加或读取；若该文件不存在，函数将创建这个文件
b	二进制	以二进制模式打开文件，且只能与其他模式组合使用
t	文本	与 r、w、x、a 等模式结合使用，这个模式只是 Windows 系统下的一个选项

【实例 12-1】使用 fopen()函数打开指定的文件。

```
<?php
    $file_name="my_dat.txt";
    $file1=fopen($file_name,"r");        //以只读方式打开文件
    $file2=fopen($file_name,"w+");       //以读写方式打开文件
?>
```

程序运行后，若没有 my_dat.txt 这个文件，则会出现如图 12-1 所示的错误信息。

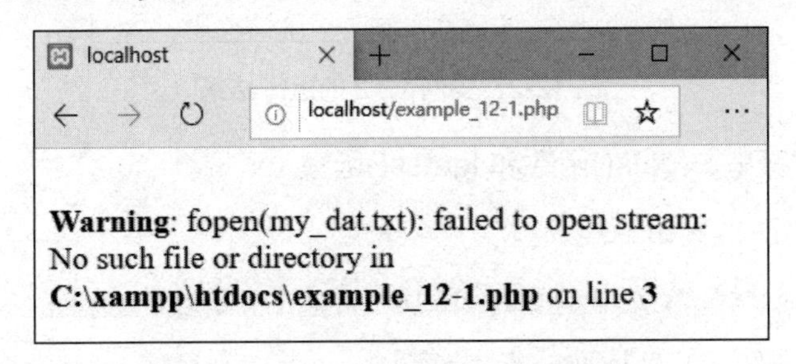

图 12-1　没有找到指定文件的警告信息

12.1.2　读取文件

文件打开之后，就可以对文件进行读取和写入操作了。首先介绍文件的读取。文件的读取有 4 种方式：读取一个字符、读取一行字符串、读取任意长度的字符串和读取整个文件。

1. 读取一个字符：fgetc()函数

语法格式如下：

```
string fgetc(resource handle)
```

函数功能：从文件指针指定的位置读取一个字符，遇到 EOF 则返回 FALSE。

fgetc()函数的参数说明如表 12-3 所示。

表 12-3　fgetc()函数的参数说明

参　数	说　明
handle	规定要打开的文件，为函数 fopen()的返回值

【实例 12-2】使用 fgetc()函数读取文件中的字符。

在 Web 文件夹下创建 my_file.txt 文件，文件的内容为“Hello！PHP”。

```
<?php
  $file_name="my_file.txt";
  $file_open=fopen($file_name,"r");
  if(!$file_open)
     echo "文件不能打开！";
  else
     echo fgetc($file_open);
?>
```

程序运行结果如图 12-2 所示。

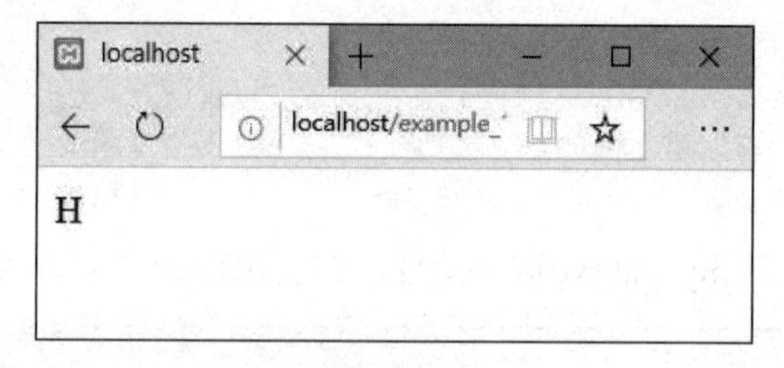

图 12-2　实例 12-2 的运行结果

2. 读取一行字符串：fgets()函数和 fgetss()函数

fgets()函数的语法格式如下：

```
string fgets(resource handle,int length)
```

函数功能：从文件指针处读取一行字符。

fgets()函数的参数说明如表 12-4 所示。

表 12-4　fgets()函数的参数说明

参　数	说　明
handle	规定要打开的文件，为函数 fopen()的返回值
length	可选。规定要读取的数据长度

【实例 12-3】使用 fgets()函数读取文件。

在 Web 文件夹下创建 my_file.txt 文件，文件的内容为“Hello！PHP”。

```
<?php
  $file_name="my_file.txt";
  $file_open=fopen($file_name,"r");
  if(!$file_open)
    echo "文件不能打开！";
  else
    echo fgets($file_open);
?>
```

程序的运行结果如图 12-3 所示。

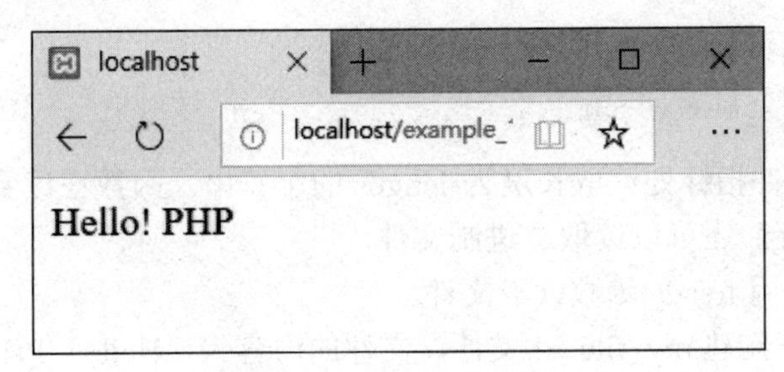

图 12-3　实例 12-3 的运行结果

fgetss()函数的语法格式：

```
string fgetss(resource handle,int length,string allowed_tags)
```

函数功能：从文件指针处读取一行字符，同时函数会过滤掉被读取内容中的 HTML 和 PHP 标记。

fgetss()函数的参数说明如表 12-5 所示。

表 12-5　fgetss()函数的参数说明

参　数	说　明
handle	规定要打开的文件，为函数 fopen()的返回值
length	可选。规定要读取的数据长度
allowed_tags	可选。规定哪些标记不被去掉

【实例 12-4】使用 fgetss()函数读取整个文件。

在 Web 文件夹下创建 my_file.txt 文件，文件的内容为“<p><b>Hello! PHP</b></p>”。

```
<?php
    $file_name="my_file.txt";
    $file_open=fopen($file_name,"r");
    if(!$file_open)
        echo "文件不能打开！";
    else
        echo fgetss($file_open,1024,"<b>,<p>");
?>
```

程序的运行结果如图 12-4 所示。

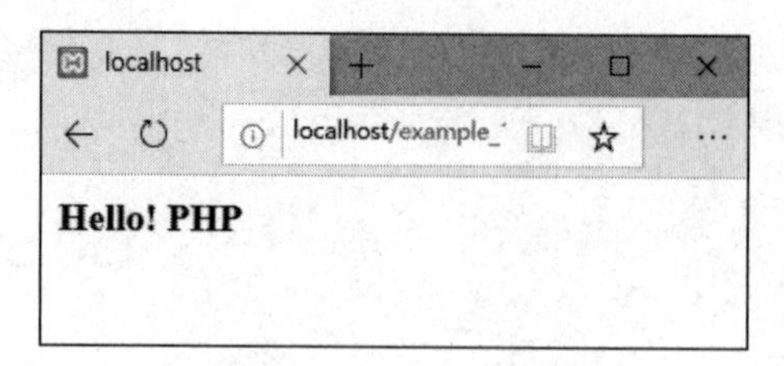

图 12-4　实例 12-4 的运行结果

3. 读取任意长度的字符串：fread()函数

fread()函数的语法格式如下：

```
string fread(resource handle,int length)
```

函数功能：从文件指针处读取长度为 length 的字符串。函数在读到 length 个字节或者遇到 EOF 时停止执行，还可以读取二进制文件。

【实例 12-5】使用 fread()函数读取文件。

在 Web 文件夹下创建 my_file.txt 文件，文件的内容为“Hello！PHP”。

```
<?php
   header("Content-Type:text/html;charset=gb2312");
   $file_name="my_file.txt";$file_name="my_file.txt";
   $file_open=fopen($file_name,"r");
   if(!$file_open)
      echo "文件不能打开！";
   else
      echo fread($file_open,6);          //读取 6 个字节
?>
```

程序的运行结果如图 12-5 所示。

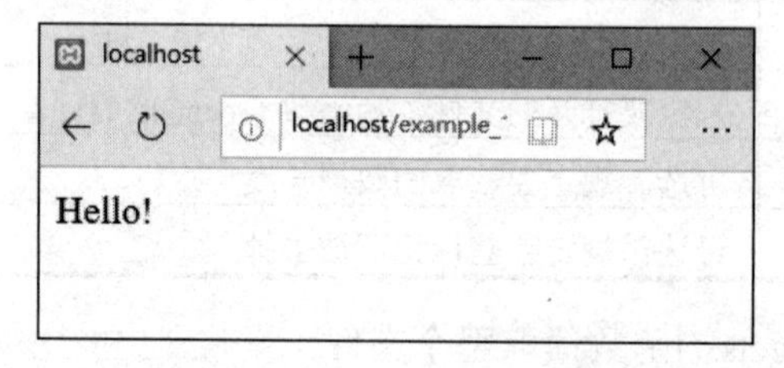

图 12-5　实例 12-5 的运行结果

提示：　对于中文字符，每个字符按两个字节来处理。因此，若 my_file.txt 的内容为“认真学习 PHP”，则实例 12-5 的运行结果如图 12-6 所示。

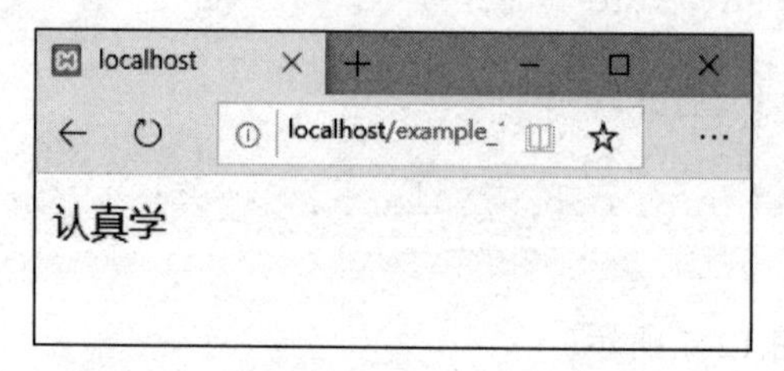

图 12-6　使用 fread()函数读取中文字符串

4. 读取整个文件：readfile()函数、file()函数和 file_get_contents()函数

readfile()函数的语法格式如下：

```
int  readfile(string filename, bool use_include_path,resource context)
```

函数功能：读取一个文件并写入输出缓存，读取成功则返回读取的字节数，否则返回 FALSE。

readfile()函数的参数说明如表 12-6 所示。

表 12-6　readfile()函数的参数说明

参　数	说　明
filename	规定要读取的文件名称
use_include_path	可选。是否支持在 include_path 中搜索文件，若支持，则将该值设为 TRUE
context	可选。规定文件句柄的环境。context 是一套可以修改流的行为的选项

【实例 12-6】使用 readfile()函数读取文件。

在 Web 文件夹下创建 my_file.txt 文件，文件的内容为：

Hello！PHP

你好！World

```
<pre>
<?php
    header("Content-Type:text/html;charset=gb2312");
    $file_name="my_file.txt";
    readfile($file_name);
?>
</pre>
```

程序的运行结果如图 12-7 所示。

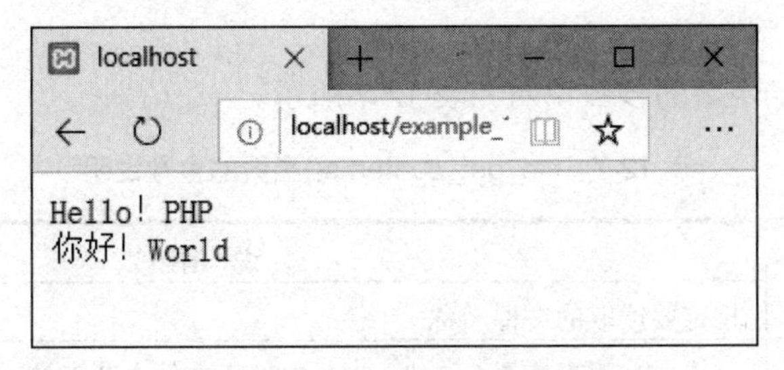

图 12-7　实例 12-6 的运行结果

提示： readfile()函数不需要打开和关闭文件，不需要使用 echo 等输出语句，直接调用函数就可以将数据输出。

file()函数的语法格式如下：

```
array file(string filename,int use_include_path,resource context)
```

函数功能：读取整个文件的内容到一个数组中。读取成功则返回数组，数组中的每一

个元素对应文件中的一行(包括换行符)；读取失败则返回 FALSE。

file()函数的参数含义与函数 readfile()的参数含义一致。

【实例 12-7】使用 file()函数读取文件。

```
<pre>
<?php
    header("Content-Type:text/html;charset=gb2312");
    $file_name="my_file.txt";
    $a=file($file_name);            //将读出的内容存入数组 a 中
    echo $a[0];
    echo $a[1];
?>
</pre>
```

程序的运行结果如图 12-8 所示。

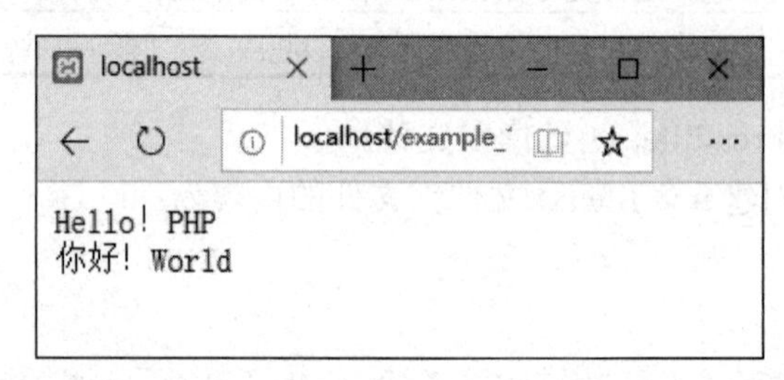

图 12-8 实例 12-7 的运行结果

file_get_contents()函数的语法格式如下：

```
string file_get_contents(string filename,bool use_include_path,resource
    context,int offset,int maxlength)
```

函数功能：将整个文件的内容读入一个字符串中。如果有 offset 和 maxlength 参数，则在 offset 指定的位置读取长度为 maxlength 的内容。如果读取失败，函数返回 FALSE。该函数也适用于二进制文件。

file_get_contents()函数的参数说明如表 12-7 所示。

表 12-7 file_get_contents()函数的参数说明

参 数	说 明
filename	规定要读取的文件名称
use_include_path	可选。是否支持在 include_path 中搜索文件。若支持，则将该值设为 TRUE
context	可选。规定文件句柄的环境。context 是一套可以修改流的行为的选项
offset	可选。规定在文件中开始读取的位置
maxlength	可选。规定可以读取数据的最大长度

【实例 12-8】使用 file_get_contents()函数读取文件。

```
<pre>
<?php
    header("Content-Type:text/html;charset=gb2312");
```

```
    $file_name="my_file.txt";
    echo file_get_contents($file_name);
?>
</pre>
```

程序的运行结果如图 12-9 所示。

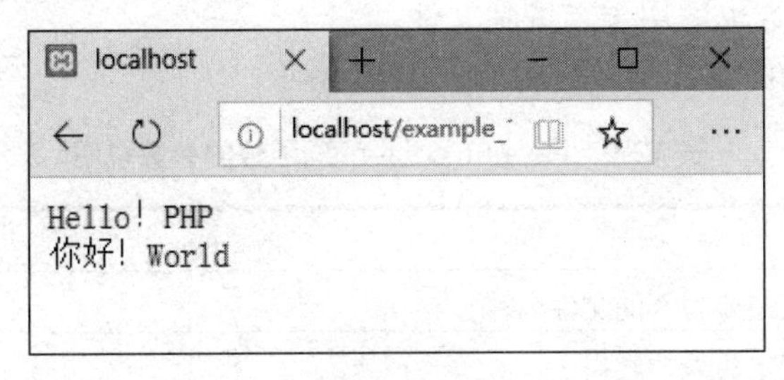

图 12-9　实例 12-8 的运行结果

12.1.3　写入文件

向文件中写入数据可以使用 fwrite()函数和 file_put_contents()函数。

fwrite()函数的语法格式如下：

```
int fwrite(resource handle,string str,int length)
```

函数功能：将内容 str 写入文件指针 handle 处。如果指定了长度 length，当写入了 length 个字节后就会停止。若写入成功，函数返回写入的字符数；写入失败，函数返回 FALSE。

fwrite()函数的参数说明如表 12-8 所示。

表 12-8　fwrite()函数的参数说明

参　数	说　明
handle	规定要写入的文件，为函数 fopen()的返回值
str	规定写入文件的字符串
length	可选。规定写入文件的字节数

【实例 12-9】使用 fwrite()函数写文件。

```
<?php
   header("Content-Type:text/html;charset=gb2312");
   $str="Hello PHP";
   if(!$file_open=fopen("my_dat.dat","w"))
      echo "打开文件失败！";
   else {
      if(!fwrite($file_open,$str))
         echo "写入失败！";
      else
         echo "写入成功！";
   }
?>
```

file_put_contents()函数的语法格式如下：

```
int file_put_contents(string filename,string data,int flag,resource
   context)
```

函数功能：将一个字符串写入文件。若写入成功，函数返回写入的字节数，失败则函数返回 FALSE。该函数也适用于二进制文件。

file_put_contents()函数的参数说明如表 12-9 所示。

表 12-9 file_put_contents()函数的参数说明

参 数	说 明
filename	规定要写入的文件名称
data	规定写入的数据
flag	可选。规定对文件的锁定。可选的值有 3 个。 FILE_USE_INCLUDE_PATH：在 include 目录中搜索文件； FILE_APPEND：文件指针移至文件末尾追加数据； LOCK_EX：独占锁定
context	可选。一个 context 资源

【实例 12-10】使用 file_put_contents()函数写文件。

```
<?php
    header("Content-Type:text/html;charset=gb2312");
    $str="你好！ PHP";
    if(!file_put_contents("my_dat.dat",$str))
        echo "写入失败！";
    else
        echo "写入成功！";
?>
```

12.1.4 关闭文件

对文件读/写完成后，就要关闭该文件。使用 fclose()函数可以关闭文件，语法格式如下：

```
bool fclose(resource handle)
```

函数功能：将参数 handle 指向的文件关闭。若关闭成功，则函数返回 TRUE，否则函数返回 FALSE。其中，handle(文件句柄)必须是有效的，而且是通过 fopen()函数成功打开的文件。

【实例 12-11】使用 fclose()函数关闭文件。

```
<?php
    header("Content-Type:text/html;charset=gb2312");
    $str="Hello PHP";
    $open=fopen("my_dat.dat","w");      //打开文件
    fwrite($open,$str);                 //写入文件
    fclose($open);                      //关闭文件
?>
```

12.1.5　删除文件

删除文件可以使用函数 unlink()来实现。语法格式如下：

```
bool unlink(string filename)
```

函数功能：删除指定的文件。如果成功，函数返回 TRUE，否则返回 FALSE。使用函数时，一定要保证文件是关闭的。

【实例 12-12】使用函数 unlink()删除文件。

```
<?php
  unlink("my_file.dat");
?>
```

12.1.6　复制文件

复制文件可以使用函数 copy()来实现。语法格式如下：

```
bool copy(string source,string destination)
```

函数功能：将文件从参数 source 处复制到参数 destination 处。若复制成功，函数返回 TRUE，否则返回 FALSE。

copy()函数的参数说明如表 12-10 所示。

表 12-10　copy()函数的参数说明

参　数	说　明
source	规定要复制的文件
destination	规定复制文件的目的地

【实例 12-13】使用函数 copy()复制文件。

```
<?php
   header("Content-Type:text/html;charset=gb2312");
   $file_source="my_file.txt";          //源文件
   $file_dest="my_file2.txt";          //目标文件
   if(copy($file_source,$file_dest))
       echo "文件复制成功！";
   else
       echo "文件复制失败!";
?>
```

12.1.7　移动和重命名文件

使用函数 rename()可以实现重命名和移动文件的功能。语法格式如下：

```
bool  rename(string oldname,string newname)
```

函数功能：将文件 oldname 重新命名为 newname。若成功，函数返回 TRUE，否则返回 FALSE。该函数也可以将指定的文件移动到另一路径下而不改变文件名称。

【实例 12-14】使用函数 rename()将文件重新命名并移动到新的文件夹下。

```
<?php
    header("Content-Type:text/html;charset=gb2312");
    $old_name="my_file.txt";
    $new_name="my_newfile.txt";
    if(rename($old_name,$new_name))                //重新命名文件
        echo "文件重新命名成功！<br>";
    if(rename($new_name,"./data/$new_name"))       //将更名后的文件移动到
                                                   //data 文件夹下
        echo "文件移动成功！<br>";
?>
```

12.2 目录操作

在 PHP 中，目录是一种特殊的文件，要先打开，再进行浏览、操作，最后关闭。

12.2.1 打开目录

在 PHP 中打开目录可以使用函数 opendir()来实现。该函数的语法格式如下：

```
resource opendir(string path,resource context)
```

函数功能：打开指定的目录。如果打开目录成功，函数返回指向目录的指针；如果参数 path 指定的不是一个有效的目录，或者因为权限不足、文件系统错误而不能打开目录，函数将返回 FALSE，并产生警告信息。

【实例 12-15】使用函数 opendir()打开指定的目录。

```
<?php
    $dir="./data";
    if(is_dir($dir))
        opendir($dir);
?>
```

提示：使用 opendir()函数打开目录前，尽量使用函数 is_dir()来检查一下想要打开的目录是否存在。

12.2.2 读取目录

目录打开后就可以使用函数 readdir()读取该目录下的数据。语法格式如下：

```
string readdir(resource dir_handle)
```

函数功能：读取指定目录下的数据。执行该函数，返回目录下的一个文件名，读取结束时返回 FALSE。

readdir()函数的参数说明如表 12-11 所示。

表 12-11　readdir()函数的参数说明

参　数	说　明
dir_handle	规定要使用的目录指针，该值为 opendir()函数的返回值

【**实例 12-16**】使用函数 readdir()读取指定的目录。

```
<?php
    $dir="./xampp";
    if(is_dir($dir))    //检查目录是否存在
    {
        if($dir_open=opendir($dir)){              //打开指定目录
            while($con=readdir($dir_open))        //读取目录下的数据
            echo $con,"<br>";
        }
    }
?>
```

程序的运行结果如图 12-10 所示。

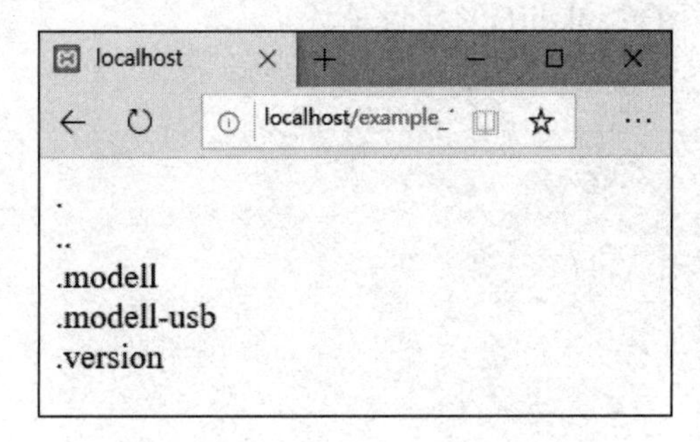

图 12-10　实例 12-16 的运行结果

12.2.3　关闭目录

目录操作完毕，就要关闭。使用函数 closedir()可以关闭目录，语法格式如下：

```
void closedir(resource dir_handle)
```

函数功能：关闭由 opendir()打开的目录句柄。

closedir()函数的参数 dir_handle 与 readdir()函数的参数 dir_handle 含义一致。

【**实例 12-17**】使用函数 closedir()关闭目录。

```
<?php
    $dir="./xampp";
    $open=opendir($dir);
    closedir($open);
?>
```

12.2.4 创建目录

创建目录可以通过 mkdir()来实现。语法格式如下：

```
bool mkdir(string pathname,int mode,bool recursive,resource context)
```

函数功能：创建以 pathname 命名的目录。若创建成功，函数返回 TRUE，否则返回 FALSE。

mkdir()函数的参数说明如表 12-12 所示。

表 12-12　mkdir()函数的参数说明

参　数	说　明
pathname	规定要创建的目录的名称
mode	可选。规定权限，以八进制方式指定，默认为 0777(最大权限)
recursive	可选。规定是否设定递归模式
context	可选。规定文件句柄的环境

【实例 12-18】使用函数 mkdir()创建目录。

```
<?php
    header("Content-Type:text/html;charset=gb2312");
    $pathname="testing";
    if(is_dir($pathname))                //检查该目录是否存在
        echo "该文件夹已存在！";
    else
        mkdir($pathname);                //创建目录
?>
```

12.2.5 删除目录

删除目录可以通过函数 rmdir()来实现。语法格式如下：

```
int  rmdir(string pathname,resource context)
```

函数功能：删除一个空目录。若删除成功，函数将返回 TRUE，否则返回 FALSE。所要删除的目录必须是空的，而且权限必须符合要求。

rmdir()函数的参数说明如表 12-13 所示。

表 12-13　rmdir()函数的参数说明

参　数	说　明
pathname	规定要创建的目录的名称
context	可选。规定文件句柄的环境

【实例 12-19】使用函数 rmdir()删除目录。

```
<?php
    header("Content-Type:text/html;charset=gb2312");
    $pathname="testing";
    if(is_dir($pathname))                    //检查该目录是否存在
        rmdir($pathname);                    //删除目录
    else
        echo "该目录不存在！";
?>
```

12.2.6　改变目录

在 PHP 中，如果要从当前打开的目录转到另一个目录，可以使用函数 chdir()来实现。语法格式如下：

```
bool chdir(string directory)
```

函数功能：从当前所在目录转换到指定的目录。若转换成功，函数返回 TRUE，否则返回 FALSE。

chdir()函数的参数说明如表 12-14 所示。

表 12-14　chdir()函数的参数说明

参　数	说　明
directory	规定要转换到的新目录

【实例 12-20】使用函数 chdir()转换目录。

```
<?php
    $open1=opendir("./testing");         //进入目录 testing
    closedir($open1);
    chdir("./xampp");                    //转换到目录 xampp
?>
```

12.3　文件的上传与下载

12.3.1　相关设置

1. php.ini 文件设置

要想在 PHP 程序中顺利实现文件上传功能，首先要在 php.ini 文件中设置文件上传的一些选项。找到 File_Uploads 项，分别设置以下选项。

- file_uploads：值为 on，表示服务器支持文件上传，否则不支持。
- uploads_tmp_dir：上传文件的临时目录。文件在成功上传之前首先被保存在该目录下。
- uploads_max_filesize：服务器允许上传文件的最大值。

相关配置如图 12-11 所示。

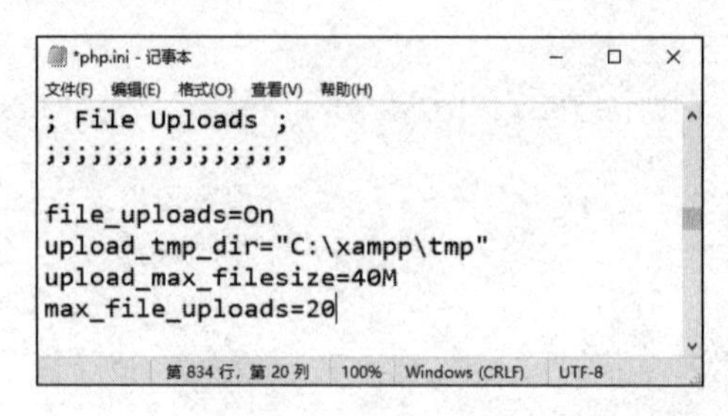

图 12-11　php.ini 中关于文件上传的选项设置

2. 全局变量$_FILES

全局变量$_FILES 存储的是上传文件的相关信息，该变量是一个二维数组，其存储的信息如表 12-15 所示。

表 12-15　全局变量$_FILES 存储的信息

元 素 名	说　明
$_FILES[filename]["name"]	上传文件的名称
$_FILES[filename]["size"]	上传文件的大小，单位为字节
$_FILES[filename]["tmp_name"]	上传文件被存储的临时文件名
$_FILES[filename]["type"]	上传文件的类型
$_FILES[filename]["error"]	与上传文件相关的错误代码。 0：上传成功； 1：上传的文件超过了 upload_max_filesize 限定值； 2：上传文件的大小超过了 MAX_FILE_SIZE 指定值； 3：文件只有部分被上传； 4：没有文件被上传； 5：上传文件大小为 0

12.3.2　文件的上传

PHP 主要使用 move_uploaded_file()函数以及全局变量$_FILE 来实现文件上传。move_uploaded_file()函数的语法格式如下：

```
bool move_uploaded_file(string filename,string destination)
```

函数功能：将文件上传到指定的目录。如果上传成功，函数返回 TRUE，否则返回 FALSE。

move_uploaded_file()函数的参数说明如表 12-16 所示。

表 12-16　move_uploaded_file()函数的参数说明

参　数	含　义
filename	规定上传文件的临时名称
destination	规定文件上传后新的路径及名称

1. 上传单个文件

【实例 12-21】将一个文件上传到服务器。

首先创建一个静态网页文件 file.html，其中包含 form 表单及一个文件上传控件(name 属性值为 up_file)。代码如下：

```
<html>
<head>
<meta http-equiv="Content-Language" content="zh-cn">
<meta http-equiv="Content-Type" content="text/html; charset=gb2312">
</head>
<body>
<form method="POST" enctype="multipart/form-data"
action="upload_file.php">
<table border="0" width="400" cellpadding="0" style="border-collapse:
   collapse">
<tr>
<td ><p align="right">文件</td>
<td><p align="left"><input type="file" name="up_file" size="36">
</p></td>
</tr>
<tr>
<td colspan="2"><p align="center"><input type="submit" value="提交"
   name="B1"></td>
</tr>
</table>
</form>
</body>
</html>
```

文件启动界面如图 12-12 所示。

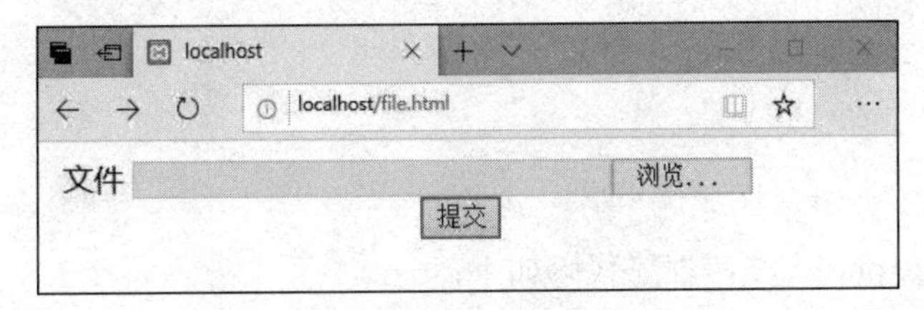

图 12-12　file.html 文件启动界面

创建 upload_file.php 文件，该程序文件的功能是将文件上传至服务器的指定文件夹。程序代码如下：

```
<?php
  header("Content-Type:text/html;charset=gb2312");
  //判断是否有上传文件
  if(!empty($_FILES["up_file"]["name"])){
      //获取上传文件的临时文件名
      $file_name=$_FILES["up_file"]["tmp_name"];
      //上传的文件夹:upload
```

```
        $destin_file_name=$_FILES["up_file"]["name"];
        $destination="./upload/".$destin_file_name;
        if($_FILES["up_file"]["size"]>1000000)
            echo "文件太大";
        else {                                              //上传文件
            move_uploaded_file($file_name,$destination);
            echo "文件上传成功！";
        }
    }
?>
```

提示： 使用 move_uploded_file()函数上传文件，在创建 form 表单时，必须设置表单属性 enctype="multipart/form-data"。

2. 上传多个文件

在上传多个文件时，可以在表单中使用数组命名文件上传控件。

【实例 12-22】将多个文件上传到服务器。

首先创建一个静态网页文件 file.html，内含 form 表单及三个文件上传控件(用数组形式 up_file[]命令)。代码如下：

```
<html>
<head>
<meta http-equiv="Content-Language" content="zh-cn">
<meta http-equiv="Content-Type" content="text/html; charset=gb2312">
</head>
<body>
<form method="POST" enctype="multipart/form-data"
action="upload_file.php">
文件 1<input type="file" name="up_file[]" size="30"><br>
文件 2<input type="file" name="up_file[]" size="30"><br>
文件 3<input type="file" name="up_file[]" size="30"><br>
<input type="submit" value="提交" name="B1">
</form>
</body>
</html>
```

创建 upload_file.php 文件，程序代码如下：

```
<?php
  header("Content-Type:text/html;charset=gb2312");
  //将上传文件的名称存入数组$file_name
  $file_name=$_FILES["up_file"]["name"];
  //将上传文件的临时名称存入数组$file_tmp_name
  $file_tmp_name =$_FILES["up_file"]["tmp_name"];
  //文件上传的目标文件夹
  $dest="./upload/";
  //利用循环将文件逐个上传
  for($i=0;$i<count($file_name);$i++){
      //判断上传文件名是否为空
```

```
    if(!empty($file_name)){
     move_uploaded_file($file_tmp_name[$i],$dest.$file_name[$i]);
       echo "文件".$file_name[$i]." -- 上传成功! <br>";
    }
  }
?>
```

程序的运行结果如图 12-13 和图 12-14 所示。

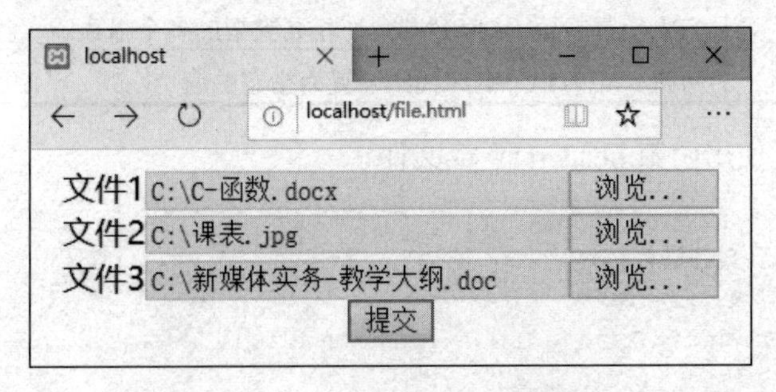

图 12-13 file.html 文件的运行结果

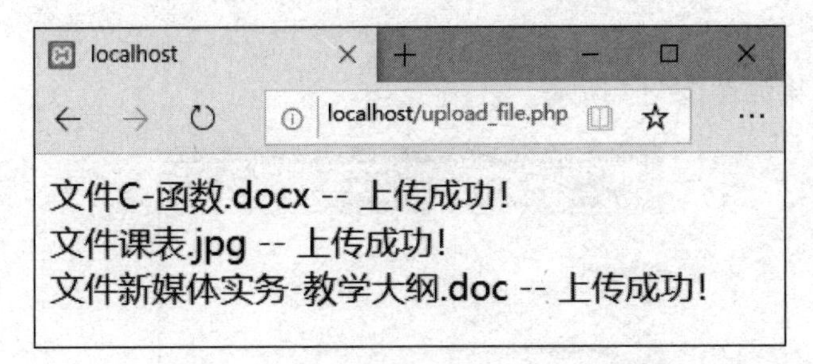

图 12-14 多个文件上传的运行结果

12.3.3 文件的下载

在 PHP 中，可以通过以下两种方式下载文件。

1. 通过链接方式下载

在网页中通过链接下载的格式如下：

```
<a href="my_file.doc">目录</a>
```

在网页上用鼠标单击链接，就可以下载相应的文件。

2. 应用 header()函数下载

语法格式如下：

```
void header(string header,bool replace,int http_response_code)
```

函数功能：该函数发送 HTTP 协议的标头到浏览器。其中 HTTP 下载的标头格式如下：

```
header("Content-Disposition:attachment;filename=文件名")
```

这里只需修改文件名。

header()函数的参数说明如表 12-17 所示。

表 12-17　header()函数的参数说明

参　数	含　义
header	规定要发送的报头字符串
replace	可选。指示报头是否替换之前的报头，或添加第二个报头。默认为 TRUE(替换)，FALSE 则允许相同类型的多个报头
http_response_code	可选。把 HTTP 响应代码强置为指定的值

【实例 12-23】使用函数 header()下载文件。

```
<?php
    //对所下载的文件进行描述
    $file="my_dat.dat";
    header("Content-Disposition:attachment;filename=$file");
    //通过 readfile()函数读取文件
    readfile($file);
?>
```

程序的运行结果如图 12-15 所示。

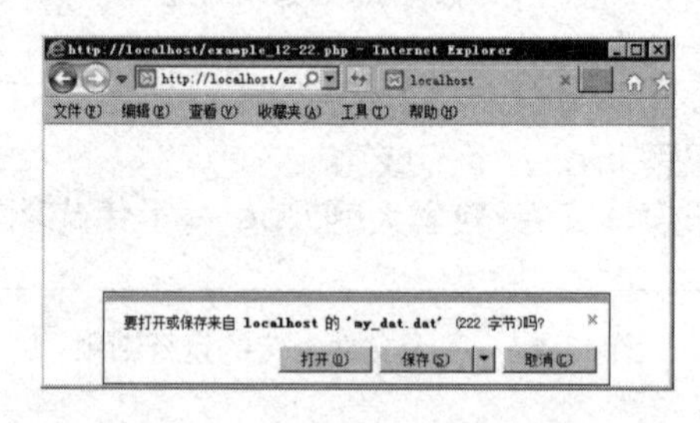

图 12-15　实例 12-23 的运行结果

12.4　综合实训案例

本节主要介绍利用 PHP 文件上传功能实现提交 C 语言作业的页面。

1. 分析

创建一个静态网页文件 homework.html，其中包含 form 表单(enctype 属性值为"multipart/form-data"，method 为"POST"方式)和文件上传控件(name 属性值为"up_file")。文件启动界面如图 12-16 所示。

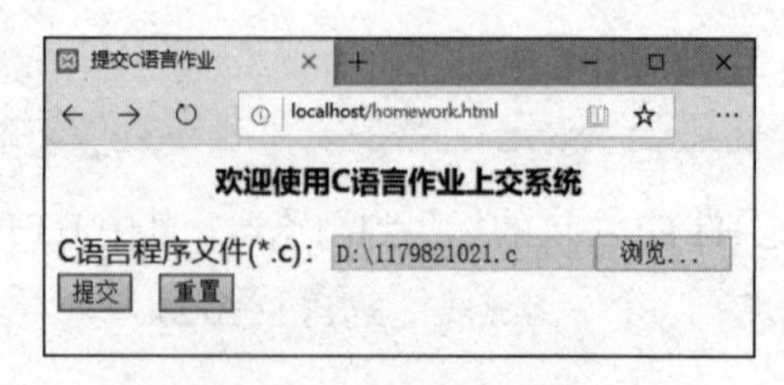

图 12-16　提交作业界面

创建 PHP 程序文件 upload_file.php，该文件的功能是上传学生提交的 C 语言作业文件至服务器指定的目录“c_file”，并读取文件的内容，显示在页面的文本域控件内。程序的运行结果如图 12-17 所示。

```
#include<stdio.h>
int main()
{
        float profit,bornus;
        scanf("%f",&profit);
        if(profit<=10) bornus=profit*0.1;
        if(profit>10 && profit<=20) bornus=profit*0.075;
        if(profit>20 && profit<=40) bornus=profit*0.05;
        if(profit>40 && profit<=60) bornus=profit*0.03;
        if(profit>60 && profit<=80) bornus=profit*0.015;
        if(profit>80) bornus=profit*0.01;
        pritf("奖金总数=%f万元\n",bornus);
        return 0;
}
```

图 12-17 提交成功并显示文件内容

2. 程序代码

homework.html 文件的代码如下：

```
<html>
<head>
<meta http-equiv="Content-Type" content="text/html; charset=gb2312">
<title>提交 C 语言作业</title>
</head>
<body>
<form method="POST" enctype="multipart/form-data"
action="upload_file.php">
<p align="center"><b>欢迎使用 C 语言作业上交系统</b></p>
C 语言程序文件(*.c): <input type="file" name="up_file" size="30"><br/>
<input type="submit" value="提交" name="B1">  
<input type="reset" value="重置" name="B2">
</form>
</body>
</html>
```

upload_file.php 文件的代码如下：

```
<?php
  header("Content-Type:text/html;charset=gb2312");
  //判断是否有上传文件
  if(!empty($_FILES["up_file"]["name"])){
     //获取上传文件的临时文件名
     $file_name=$_FILES["up_file"]["tmp_name"];
     //上传的目录及新文件名
     $destination="./c_file/".$_FILES["up_file"]["name"];
     if($_FILES["up_file"]["size"]>1000000)
        echo "文件太大";
     else{                                   //上传文件
        move_uploaded_file($file_name,$destination);
```

```
            //读取文件并显示在文本区内
            echo "<textarea rows=15 name=S1 cols=60 style='font-size:
                11pt';>",file_get_contents($destination);
            echo  "</textarea>";
        }
    }
?>
```

本 章 小 结

本章详细介绍了文件、目录和上传文件的操作及相关函数。文件操作包括：打开文件、读取文件、写入文件、删除文件和复制文件。文件目录的操作包括：打开目录、读取目录、创建目录、删除目录和改变目录，文件上传的操作包括单个文件上传和多个文件上传。

习　　题

1. 设有文本文件 my_file.txt，按读取字符的方式读取文件的内容。
2. 设有文本文件 my_file.txt，以读取行的方式读取文件的内容。
3. 设有文本文件 my_file.txt，以读取整个文件的方式读取文件的内容。
4. 创建文件，将文字“欢迎使用 PHP”写入文件中。
5. 将图片文件 pic1.jpg 上传到服务器的 my_pic 目录下。

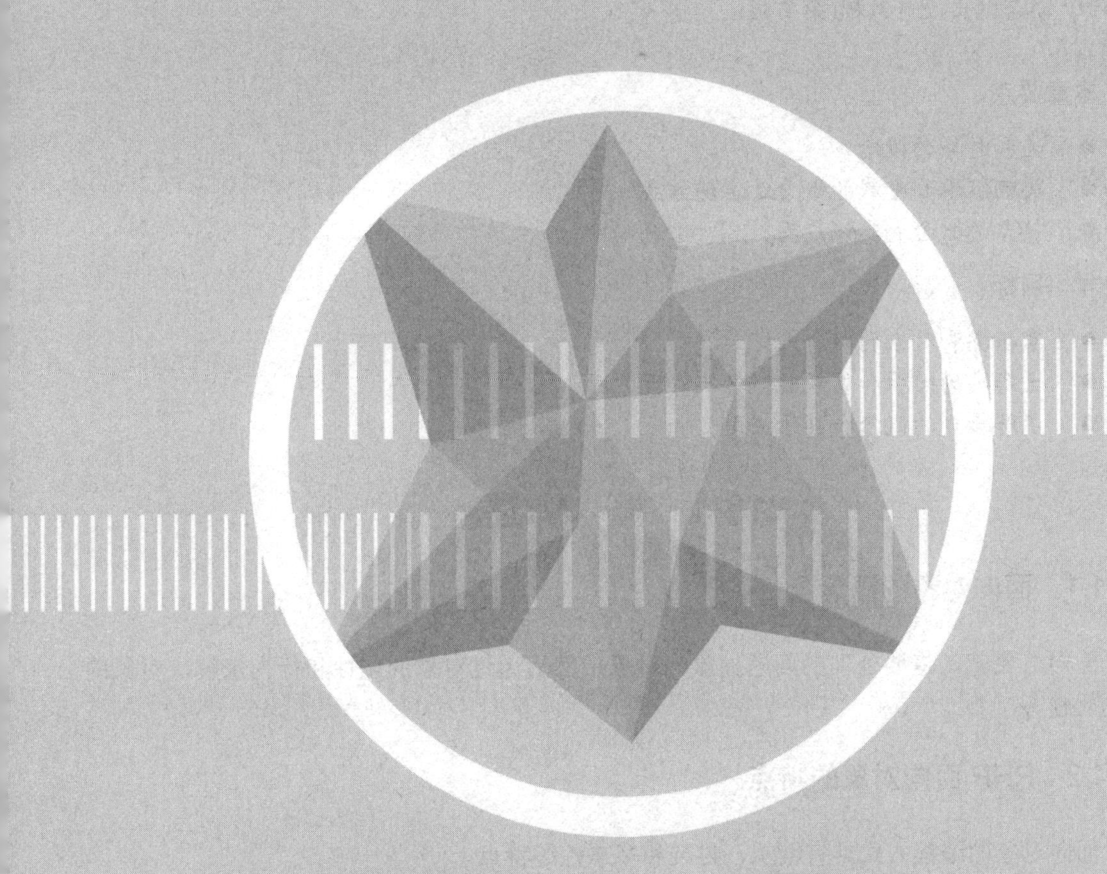

第13章

面向对象

本章要点

- 类和对象的概念
- 类的继承和重载的概念及实现方式
- 接口的概念和具体应用

学习目标

- 掌握类和对象的概念
- 了解类的继承和重载的概念及实现方式
- 了解接口的概念和具体应用

13.1 概　　述

13.1.1 面向对象的概念

面向对象就是将要处理的问题抽象为对象，然后通过对象的属性和行为来解决对象的实际问题。

13.1.2 PHP 面向对象的特点

面向对象的编程方式具有继承、封装和多态性等特点。

- 继承：通过继承可以创建子类和父类之间的层次关系，子类可以从父类中继承属性和方法，通过这种关系模式可以简化类的操作。
- 封装：将对象的属性隐藏在类的内部，而将调用的方法暴露给调用者，后者无须知道方法实现的细节，只要定义好接口——调用对象方法的入口，就可以具有良好的重用性。
- 多态：根据使用类的上下文来重新定义或改变类的性质和行为。但是 PHP 不支持重载来实现多态，不过可以变相地实现多态效果。

13.2 类和对象

世间的万物都有其自身的属性和方法，通过这些属性和方法可以将不同的物质区分开。比如说人具有身高、体重、肤色等属性，通过这些属性，可以将不同的人区分开。另外，人还能进行行走、吃饭、睡觉等活动，这些活动都是人所具有的功能。如果把人比作程序中的类，那么人的身高、体重等属性就是类的属性，人的行走、学习等活动就是类的方法。

类是属性和方法的集合，是面向对象编程方式的基础和核心。类不能直接在程序中引用，必须实例化后才能使用。

对象是类实例化后的产物，是一个实体。比如说，人是一个“类”，则“黄种人”就是“人”这个类的一个实体对象。

13.2.1　类的结构与声明方式

在 PHP 中创建类时，必须使用关键字 class 进行声明。类的声明格式如下：

```
[权限修饰符] class 类名{
    类体
}
```

下面对其中各项进行说明。

- 权限修饰符：可以忽略，也可以在 public、protected、private 中选择一个。
- class：创建类的关键字。
- 类名：所创建类的名称，必须写在 class 关键字之后，在类名之后必须加一对花括号({ })。
- 类体：类的成员，类体必须放在类名之后的花括号“{”和“}”之间。

例如，创建一个 connect_mysql 类，代码如下：

```
<?php
  class  connect_mysql{
  }
?>
```

13.2.2　属性和方法的定义

1. 属性

属性就是在类体中定义的变量，用于保存和设置参数。属性的声明必须用关键字来修饰，如 public、protected、private 等，如果不需要特定的含义，可以使用 var 关键字来修饰。

例如，在类 connect_mysql 中声明属性，代码如下：

```
<?php
    class connect_mysql{
        public  $host;
        public  $user;
        public  $password;
        public  $dbname;
        public  $conn;
    }
?>
```

2. 方法

方法就是在类体中定义的函数。方法的声明可以用关键字来修饰，以此来控制方法的权限。

例如，在类 connect_mysql 中声明方法，代码如下：

```
class connect_mysql{
    function connectDB(){
```

```
    }
    function getconnID(){
    }
}
```

在类中，属性和方法的声明可以根据具体情况来确定，不是必须同时存在的。

13.2.3　类的实例化

类在程序中不能直接使用，必须实例化后才能使用。对象是类实例化的产物，是面向对象程序的最终操作者。类实例化的语法格式如下：

```
$变量名=new 类名称([参数]);
```

下面对此语法中的各项进行说明。

- $变量名：类实例化后返回的对象名称，用于引用类中的方法。
- new：关键字，表明要创建一个新的对象。
- 类名称：表示新对象的类型。
- 参数：可选。指定类的构造方法，用于初始化对象的值。如果类中没有定义构造方法，PHP 会自动创建一个不带参数的默认构造方法。

例如，对类 connect_mysql 进行实例化，代码如下：

```
<?php
    $conn1=new connect_mysql();
    $conn2=new connect_mysql();
?>
```

13.2.4　访问类中的成员

访问类中的成员是指访问类的属性和方法，访问的方法与访问数组元素的方法类似，需要借助运算符号“->”，通过对对象的引用来访问类的属性和方法。访问类的属性和方法的语法格式如下：

```
$变量名=new 类名称[参数];
$变量名->属性=值;
$变量名->属性;
$变量名->方法;
```

13.2.5　特殊的访问方法——$this 和“::”

1. $this

$this 是一个特殊的应用对象的方法，它存在于类的每个方法中。方法属于哪个对象，$this 引用就代表哪个对象，其作用就是专门完成对象内部成员之间的访问。

2. 操作符“::”

$this 引用只能在类的内部使用，而操作符“::”可以在没有声明任何实例的情况下访

问类的属性和方法。操作符“::”的语法格式如下：

```
关键字::变量名/常量名/方法名
```

这里关键字分为 parent、self 和类名三种。

- parent：可以调用父类中的成员变量、成员方法和常量。
- self：可以调用当前类中的静态成员和常量。
- 类名：可以调用本类中的变量、常量和方法。

13.2.6　构造方法

构造方法是对象构造完成后第一个被对象自动调用的方法，它存在于每个声明的类中，如果类中没有直接声明构造方法，则类中会默认生成一个没有任何参数、内容为空的构造方法。

构造方法的名称必须以两个下画线开始，即__construct()。

声明构造方法的语法格式如下：

```
function __construct([mixed args[,…]]){
    //方法体
}
```

每个类中只能声明一个构造方法。如果构造方法没有传入参数，则使用默认参数为变量进行初始化。

13.2.7　析构方法

析构方法的作用与构造方法的作用正好相反。析构方法是对象被销毁之前最后一个被对象自动调用的方法，以在销毁一个对象之前完成一些特定的操作，如关闭文件、释放内存等。

析构方法的名称以两个下画线开始，即__destruct()。析构方法没有参数，其声明的语法格式如下：

```
function __destruct(){
    //方法体
}
```

PHP 系统有一种“垃圾回收”机制，它可以自动清除不再使用的对象，释放内存。而析构方法在 PHP 的这种“垃圾回收”程序之前执行，在 PHP 中属于可选内容。

【实例 13-1】创建类，并对类实例化，然后访问类中的属性和方法。

```
<?php
  header("Content-Type:text/html;charset=gb2312");
  class connect_mysql{
    public $host;
    public $user;
    public $password;
    public $dbname;
```

```
    public $conn;
    public function __construct($host,$user,$password,$dbname){
       $this->host=$host;
       $this->user=$user;
       $this->password=$password;
       $this->dbname=$dbname;
       $this->connect();
    }
   public function connect(){
       $this->conn=mysqli_connect($this->host,$this->user, $this->password,$this->dbname);
       mysqli_query($this->conn,"set names gb2312");
    }
   public function GetId(){
       echo "mysql 服务器的用户名:".$this->user,"<br>";
       echo "Mysql 服务器密码:".$this->password,"<br>";
    }
}
  $result =new connect_mysql("localhost","root","","school");
  $result->GetId();
?>
```

程序的运行结果如图 13-1 所示。

图 13-1　实例 13-1 的运行结果

13.3　类 的 封 装

类的封装是指将类的属性和方法结合成一个独立的单位，并尽可能隐藏对象的内容细节。封装类的目的就是确保类以外的部分不能随意存取类的属性和方法，避免外部错误对类的内部数据的影响。

类的封装是通过关键字 public、private、protected、static 和 final 来实现的。

13.3.1　public 公共成员

public 是指可以公开、没有必要隐藏的数据信息，可以在程序的任何地方被其他的类和对象引用。子类可以继承和使用父类中所有的公共成员。若类中的方法没有写关键字，则默认是 public。

【实例 13-2】访问类的公共属性。

```
<?php
  header("Content-Type:text/html;charset=gb2312");
```

```
  class color{
    public $name="红色";
  }
  $my_color=new color;
  $my_color->name="蓝色";
  echo "所选颜色：",$my_color->name;
?>
```

程序的运行结果如图 13-2 所示。

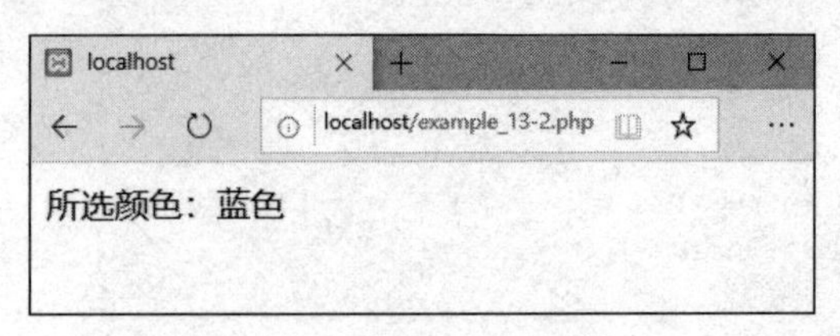

图 13-2　实例 13-2 的运行结果

13.3.2　private 私有成员

由 private 修饰的变量和方法，只能在所属类的内部被调用和修改，不能在类的外部被访问，子类也不能进行访问。

【实例 13-3】访问类的私有属性。

```
<?php
  header("Content-Type:text/html;charset=gb2312");
  class color{
    private $name="红色";
  }
  $my_color=new color;
  $my_color->name="蓝色";
  echo "所选颜色：",$my_color->name;
?>
```

由于类 color 中的属性$name 为私有的，在类的外部没有权限访问$name，因而程序运行会出现错误提示，如图 13-3 所示。

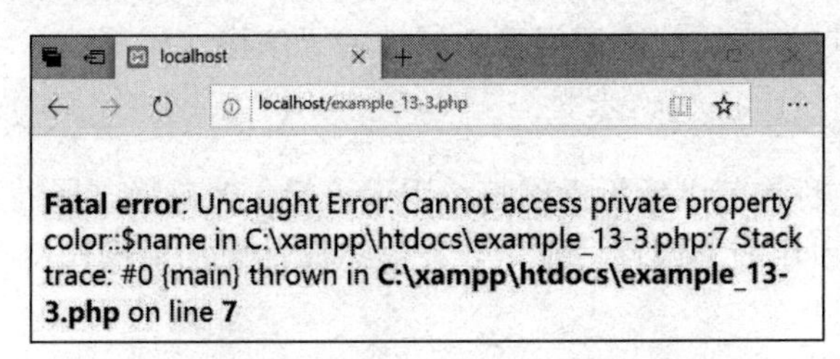

图 13-3　实例 13-3 的运行结果

13.3.3　protected 保护成员

由 protected 修饰的属性和方法，只能在本类及其子类中被调用，在程序的其他地方则不可以被调用。

【实例 13-4】访问类的 protected 属性。

```
<?php
   header("Content-Type:text/html;charset=gb2312");
   class color{
      protected $name="红色";
      public function show_color(){
         echo "所选颜色：", $this->name;
      }
   }
   $my_color=new color;
   $my_color->show_color();
   echo $my_color->name;
?>
```

在类 color 的内部，方法 show_color()可以访问 protected 属性$name；而在类的外部，则没有权限访问类 color 的 protected 属性$name。运行结果如图 13-4 所示。

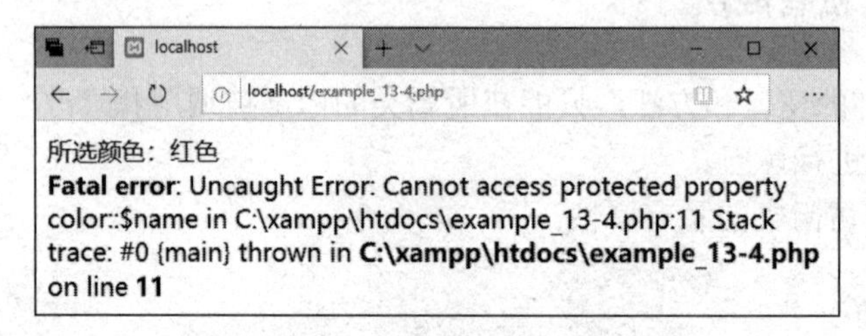

图 13-4　实例 13-4 的运行结果

13.3.4　static 静态成员

通过 static 关键字修饰的属性和方法被称为静态属性和静态方法。静态属性和静态方法不用被类实例化就可以直接使用。

1. 静态属性

静态属性属于类本身而不属于类的任何实例。它相当于存储在类中的全局变量，可以在程序的任意位置通过类来访问。访问静态属性的语法格式如下：

```
类名称::$静态属性名称
```

其中，符号“::”称作范围解析操作符，用于访问、覆盖静态属性、静态方法和常量。如果在类的内部引用静态属性，则需要在静态属性前加上操作符“self::”。

2. 静态方法

静态方法同静态属性一样，不受任何对象的限制，不需要通过类的实例化就可以直接引用。访问静态方法的语法格式如下：

```
类名称::$静态方法名称([参数 1,参数 2,…])
```

即使在类的内部引用静态方法，也要在静态方法前加上操作符“self::”。

提示： 在静态方法中，只能调用静态变量，不能调用普通变量；而在普通方法中则可以调用静态变量。

【**实例 13-5**】访问类的静态属性。

```
<?php
  header("Content-Type:text/html;charset=gb2312");
  class  count_number{
    static $n=0;                              //定义静态变量
    public  function  count(){
      echo "n=",self::$n,"<br>";         //输出静态变量的值
      self::$n++;                             //静态变量自增运算
    }
  }
  echo "第一次实例化：<br>";
  $my_click=new count_number;
  $my_click->count();
  $my_click->count();
  echo "第二次实例化：<br>";
  $my_click=new count_number;
  $my_click->count();
  $my_click->count();
?>
```

程序的运行结果如图 13-5 所示。

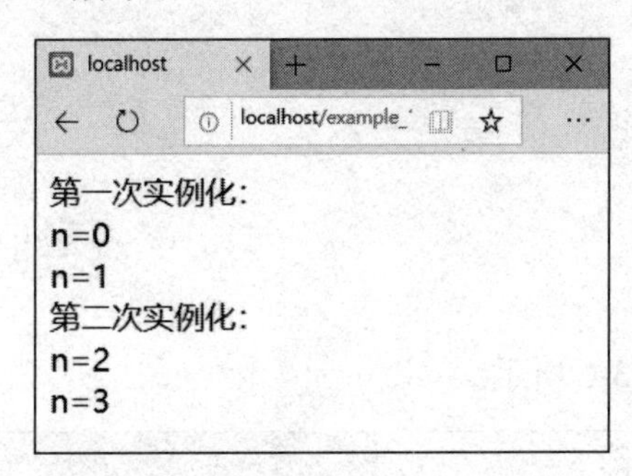

图 13-5　实例 13-5 的运行结果

13.3.5　final 最终成员

如果用 final 修饰类，则说明该类不可以被继承，也不能有子类。若用 final 修饰方法，则说明该方法在子类中不可以重写，也不可以被覆盖。

13.4　类的继承与重载

13.4.1　类的继承

类的继承能够使一个类继承并拥有另一个已存在类的属性和方法，其中被继承的类称为父类，继承的类称为子类。子类不仅可以拥有父类所有的属性和方法，还可以拥有自己

的属性和方法。在 PHP 中，每个子类只能有一个父类，而一个父类可以有多个子类。

在 PHP 中，类的继承是通过关键字 extends 实现的，其语法格式如下：

```
class 子类名称 extends 父类名称{
   … //子类的属性
   function 方法名称(){                              //子类的方法
      …
   }
}
```

【实例 13-6】 创建一个父类及其子类。

```
<?php
    header("Content-Type:text/html;charset=gb2312");
    class people {
       public $name;
       public $age;
    }
    class  student extends people {                //声明子类
        function get_info() {
           echo $this->name,$this->age,"<br>";
        }
    }
   $p=new people;                                  //父类实例化
   $p->name="小明";
   $p->age=18;
   echo $p->name, $p->age,"<br>";                  //输出父类的属性值
   $x=new student;                                 //子类实例化
   $x->name="大鹏";
   $x->age=28;
   $x->get_info();                                 //调用子类的方法
?>
```

程序的运行结果如图 13-6 所示。

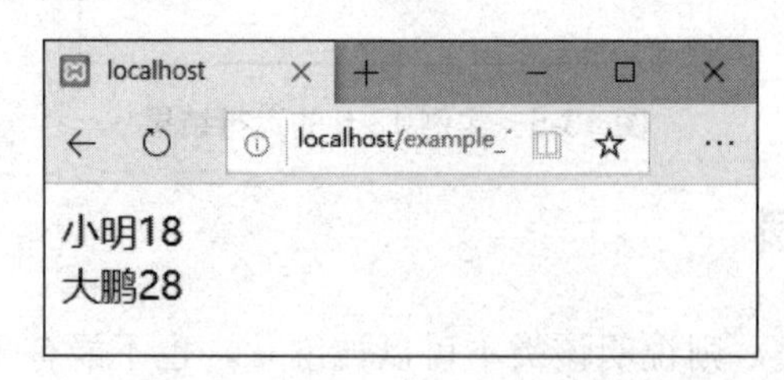

图 13-6　实例 13-6 的运行结果

通过“parent::”关键字也可以在子类中调用父类的方法，其语法格式如下：

```
parent::父类的方法(参数)
```

【实例 13-7】 通过关键字“parent::”访问父类的方法。

```
<?php
   header("Content-Type:text/html;charset=gb2312");
   class people {
```

```
    public $name;
    public $age;
    public function show_info(){
        echo $this->name,$this->age,"<br>";
    }
  }
  class  student extends people {            //声明子类
     function get_info() {
         parent::show_info();                //调用父类的方法
    }
  }
  $p=new people;                             //父类实例化
  $p->name="小明";
  $p->age=18;
  echo $p->name, $p->age,"<br>";            //输出父类的属性值
  $x=new student;                            //子类实例化
  $x->name="大鹏";
  $x->age=28;
  $x->get_info();                            //调用子类的方法
?>
```

程序的运行结果与实例 13-6 的运行结果相同。

提示： 类的继承是单向性的，即如果类 B 继承了类 A，则类 A 不可以再继承类 B。

13.4.2　类的重载

如果在父类中定义了某个属性或方法，然后又在子类中定义与父类同名的属性和方法，这就是类的重载。利用类的重载，可以重写父类中指定方法所实现的功能。

【实例 13-8】利用类的重载，调用父类的方法。

```
<?php
  header("Content-Type:text/html;charset=gb2312");
  class people {
    public $name;
    public $age;
    public function show_info(){
        echo $this->name,$this->age,"<br>";
    }
  }
  class  student extends people {              //声明子类
     function show_info() {
         echo "修改后的年龄：",$this->age+15;
    }
  }
  $x=new student;                              //子类实例化
  $x->name="大鹏";
  $x->age=28;
  $x->show_info();                             //调用子类的方法
?>
```

程序的运行结果如图 13-7 所示。

图 13-7　实例 13-8 的运行结果

提示：　类重载的关键之处在于，可以在子类中创建与父类相同的方法，包括方法名称、参数及其返回值。

13.5　接　　口

13.5.1　接口的声明

在 PHP 中，类的继承是单向性的，若想实现类的多重继承，就需使用接口。

接口是通过关键字 interface 来声明的，接口中声明的方法必须是抽象方法，但接口中不能声明属性，只能使用 const 关键字声明为常量的属性，而且接口中的所有成员都要具有 public 的访问权限。接口声明的语法格式如下：

```
interface 接口名称{
   //常量属性
   //抽象方法
}
```

接口不能进行实例化操作，需要通过子类进行访问，但是接口名字可以在接口外部直接获取常量及属性的值。

13.5.2　接口的应用

由于接口不能进行实例化操作，因此访问接口就要借助子类。在子类中继承接口要使用关键字 implements，如果要实现多个接口的继承，则每个接口之间要用逗号“,”连接。

【实例 13-9】访问接口。

```
<?php
  header("Content-Type:text/html;charset=gb2312");
  interface person{                                 //声明接口 person
    public function person_info();
  }
  interface salary{                                 //声明接口 salary
    public function salary_info();
  }
  class my_info implements person,salary{          //声明子类
    public function person_info(){
      echo "我是公务员","<br>";
```

```
    }
    public function salary_info(){
      echo "我的薪水是 10000 元";
    }
  }
  $me =new my_info;
  $me->person_info();
  $me->salary_info();
?>
```

程序的运行结果如图 13-8 所示。

图 13-8　实例 13-9 的运行结果

13.6　综合实训案例

本节主要介绍利用类封装一个连接数据库的类。

1. 分析

定义一个析构函数，将外部传入的参数变量转换为类的内部变量，并在类实例化的时候调用 connect()方法。

创建 connect()方法，其功能是利用 mysqli_connect()函数连接 MySQL 数据库。

2. 程序代码

```
<?php
  class mysql_connect{
    private $host;
    private $user;
    private $pwd;
    private $conn;
    private $dbname;
    public function _construct($host,$user,$pwd,$conn,$dbname){
          $this->host=$host;
          $this->user=$user;
          $this->pwd=$pwd;
          $this->connt=$conn;
          $this->dbname=$dbname;
    }
    public function connect(){
    $this->conn=mysqli_connect($this->host,$this->user,$this-
>pwd,$this->dbname);
```

```
        }
    }
    $mysql=new mysql_connect("localhost","root","","student");
?>
```

本章小结

本章详细介绍了 PHP 面向对象的编程方式和方法。面向对象就是将要处理的问题抽象为对象，通过对象的属性和方法来解决对象的实际问题。

类是属性和方法的集合，是面向对象编程方式的核心和基础，对象是类的实例化，类可以封装、继承和重载。方法是指在类中声明的函数，一个类中可以声明多个函数。

习　题

1. 已知一个类 car，请实例化：名称为“宝马”，颜色为“黑色”，长度为 5，并输出信息。

```
class car{
    public $name;
    public $color;
    public $size;
}
```

2. 已知一个类 pen，请实例化：名称为“英雄牌”，颜色为“黑色”，并调用类中的方法输出信息。

```
class pen{
   public $name;
   public $color;
   public function attri($p_name,$p_color){
      $this->name=$p_name;
      $this->color=$p_color;
   }
   public function print_attri($p_name,$p_color){
      echo "名称：",$this->name;
      echo "颜色：",$this->color;
   }
}
```

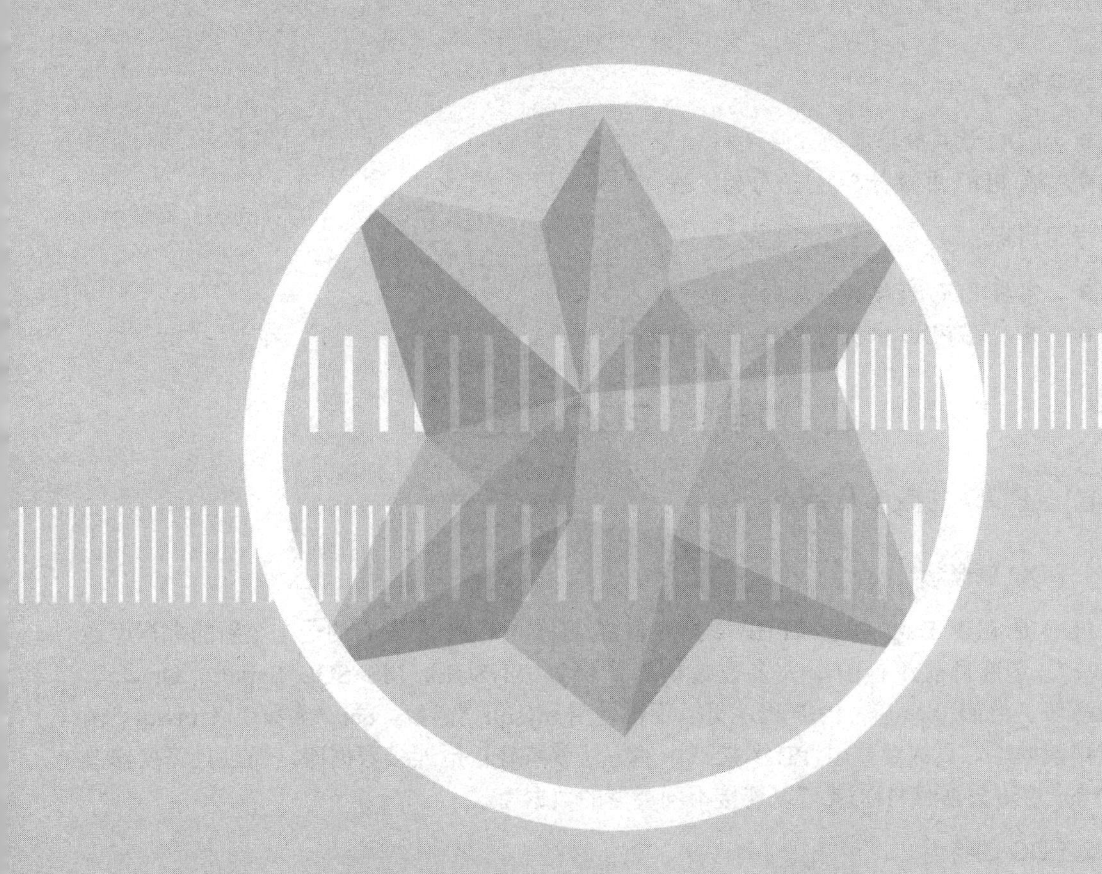

第 14 章

PDO 数据库抽象层

本章要点

- PDO 连接数据库的方法
- 在 PDO 中执行 SQL 语句的方法

学习目标

- 掌握 PDO 连接数据库的方法
- 掌握在 PDO 中执行 SQL 语句的方法

14.1　PDO 概述

14.1.1　PDO 的概念及特点

1. PDO 的概念

PDO 是 PHP Data Object(PHP 数据对象)的简称，是 PHP 发布的一个全新的数据库连接层，它支持目前流行的绝大多数数据库，例如 MySQL、MS SQL Server、Oracle、Sybase 等。PDO 出现后，PHP 程序可以不再使用 mysqli_*函数、oci_*函数或者 mssql_*函数连接数据库，只需要使用 PDO 接口中的方法就可轻松地连接数据库，而且只需要修改 PDO 的 DSN(数据源名称)就可以连接不同类型的数据库。

2. PDO 的特点

PDO 的作用就是统一各种数据库的访问接口，这样可以轻松地与各种数据库进行交互，使得 PHP 操作各种不同类型的数据库更加方便和高效。

PDO 扩展是模块化的，用户在运行时，只需要为数据库加载驱动程序即可，不需要重新编译和安装 PHP 系统。

14.1.2　PDO 的配置

PDO 是随着 PHP 系统一起发行的，默认情况下，PDO 在 PHP 系统中为开启状态。如果要启用对某个数据库驱动程序的支持，就要打开 php.ini 文件对 PDO 进行相应的配置。PDO 的配置选项如图 14-1 所示。

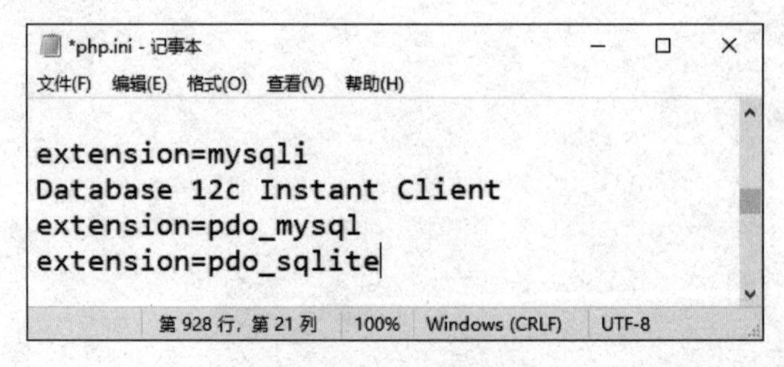

图 14-1　PDO 配置选项

提示： PDO 的选项加载后，保存 php.ini 文件，重新启动 Apache 服务器后 PDO 选项才会生效。

要检测 PHP 系统中的 PDO 是否已经启动，可以编写一个 PHP 程序，写入语句：

```
<?php
   phpinfo();
?>
```

该 PHP 程序文件启动后，若能找到 PDO 的信息内容，就说明 PDO 已经启动，如图 14-2 所示。

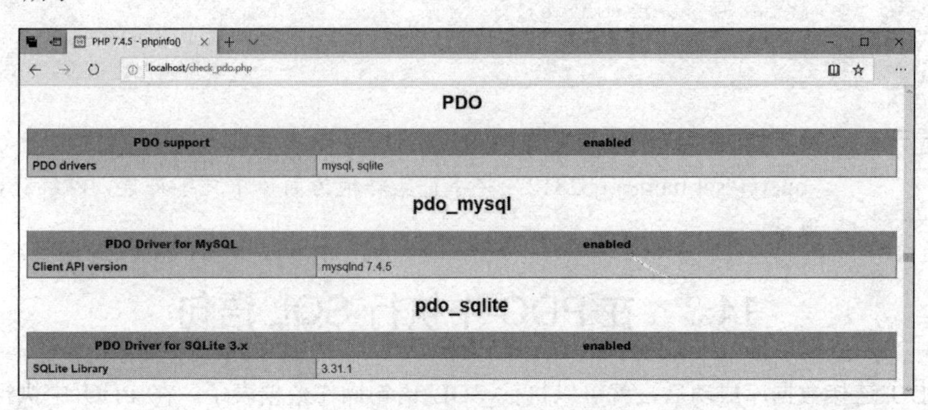

图 14-2 检测 PDO 是否启动

14.2 PDO 连接数据库

在 PDO 中，要建立与数据库的连接，需要实例化 PDO 的构造函数。PDO 构造函数的语法格式如下：

```
construct(string dsn, string username,string password,array
driver_options)
```

PDO 构造函数的参数说明如表 14-1 所示。

表 14-1 PDO 构造函数的参数说明

参 数	含 义
dsn	规定 PDO 的数据源名，包括主机名(地址)、端口号和数据库名称
username	可选。规定 PDO 连接数据库的用户名
password	可选。规定 PDO 连接数据库的密码
driver_options	可选。规定连接数据库的其他选项。具体内容参考 PDO 预定义常量的内容

【实例 14-1】使用 PDO 连接 MySQL 数据库。

为了编程方便，可以将 PDO 连接数据库的代码编辑成一个独立的 PHP 程序文件(如 pdo_connect.php)，需要使用 PDO 连接数据库的时候，可以通过 include()或 include_once()语句调用该程序文件。pdo_conncet.php 程序文件的代码如下：

```
<?php
    $db_name="school";                              //数据库名称
    $user="root";                                   //连接数据库的用户名
    $password="";                                   //连接数据库的密码
    $host="localhost";                              //数据库服务器地址
    $dsn="mysql:host=$host;dbname=$db_name";        //数据源名称
    try{
      $pdo=new PDO($dsn,$user,$password);           //实例化对象
      $pdo->query("set names gb2312");              //转换中文简体字库
    }catch(Exception $e){                           //捕捉错误信息
          echo $e->getMessage();
    }
?>
```

提示： 由于 PHP 默认的字符集为 UTF-8，显示中文记录时可以使用语句$pdo->query("set names gb2312");将字符集转换为简体中文字符集，以解决乱码的现象。

14.3 在 PDO 中执行 SQL 语句

PDO 连接数据库成功后，就可以执行 SQL 语句操作数据表了。在 PDO 中执行 SQL 语句主要采用三种方法：exec()方法、query()方法和预处理语句 prepare()及 execute()。

14.3.1 exec()方法

exec()方法执行后返回受影响记录的行数，语法格式如下：

```
int PDO:exec(string statement)
```

exec()方法的参数说明如表 14-2 所示。

表 14-2 exec()方法的参数说明

参 数	含 义
statement	规定要执行的 SQL 语句。SQL 语句通常指 INSERT、DELETE 和 UPDATE 语句

【实例 14-2】使用 exec()方法执行删除操作。

假设数据库 school 包含数据表 score，数据表的记录如表 14-3 所示。使用 exec()方法，删除其中 cj 字段值小于 60 的记录。

表 14-3 表 score 的记录情况

xh	xm	bj	kc	cj
150212101	方波	材料 2015	高等数学	92
150412312	李静	文法 2015	英语	47
……	……	……	……	……

续表

xh	xm	bj	kc	cj
150313223	于文华	会计 2015	社会学	67
150112224	董海川	自动化 2015	哲学	58

```
<?php
   header("Content-Type:text/html;charset=gb2312");
   include_once("pdo_connect.php");
   $sql="delete from score where cj<60";             //要执行的 SQL 语句
   try{
      $rows=$pdo->exec($sql);                        //执行 SQL 语句
      echo "共删除记录：",$rows;
   }catch(Exception $e){
      echo $e->getMessage();
   }
?>
```

14.3.2　query()方法

query()方法执行后返回查询后的结果集，语法格式如下：

```
PDOStatement PDO:query(string statement)
```

query()方法的参数说明如表 14-4 所示。

表 14-4　query()方法的参数说明

参　数	含　义
statement	规定要执行的 SQL 语句。SQL 语句通常指 SELECT 语句

【实例 14-3】使用 query()方法执行查询操作。

```
<?php
   header("Content-Type:text/html;charset=gb2312");
   include_once("pdo_connect.php");
   $sql="select * from score where cj>=60";
   try{
      $result=$pdo->query($sql);
      foreach($result as $r){
          echo $r["xh"]," ",$r["xm"]," ",$r["bj"]," ", $r["kc"]," ",
$r["cj"],"<br>";
      }
   }catch(Exception $e){
         echo $e->getMessage();
   }
?>
```

程序的运行结果如图 14-3 所示。

图 14-3　实例 14-3 的运行结果

14.3.3　预处理语句 prepare()和 execute()

prepare()方法先做查询的准备工作，然后调用 execute()方法执行查询，并且还可以通过 bindParam()方法来绑定参数提供给 execute()方法。prepare()方法和 execute()方法的语法格式如下：

```
PDOStatement PDO:prepare(string statement,array driver_option)
bool PDOStatement::execute(array input_prarameters)
```

prepare()方法的参数说明如表 14-5 所示。

表 14-5　prepare()方法的参数说明

参　数	含　义
statement	规定要执行的操作语句
driver_options	可选。规定连接数据库的其他选项，具体内容参考 PDO 预定义常量内容

execute()方法的参数说明如表 14-6 所示。

表 14-6　execute()方法的参数说明

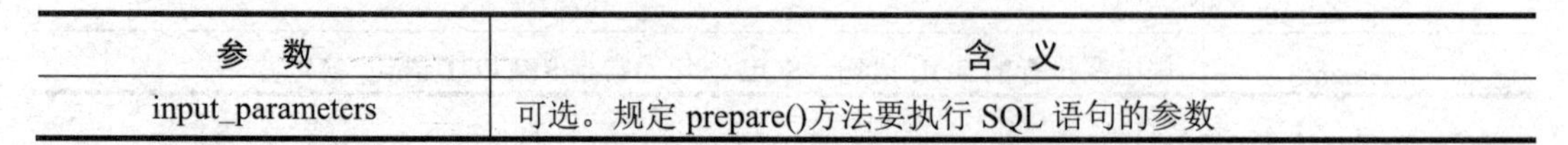

参　数	含　义
input_parameters	可选。规定 prepare()方法要执行 SQL 语句的参数

【实例 14-4】使用 prepare()方法和 execute()方法添加记录。

```
<?php
   header("Content-Type:text/html;charset=gb2312");
   include_once("pdo_connect.php");
   $query="insert into score set
   xh=:s_xh,xm=:s_xm,bj=:s_bj,kc=:s_kc,cj=:s_cj";
   try{
      $result=$pdo->prepare($query);
      $result->execute(array(':s_xh'=>'140213023',':s_xm'=>'钱文刚
',':s_bj'=>'金融 2014',':s_kc'=>'西方经济学',':s_cj'=>67));
      echo "记录成功加入！";
   }catch(Exception $e){
      echo $e->getMessage();
   }
?>
```

【实例 14-5】使用 prepare()方法和 execute()方法查询记录。

```
<?php
   header("Content-Type:text/html;charset=gb2312");
   include_once("pdo_connect.php");
   $query="select * from score where cj>=:s_cj";
   try{
      $result=$pdo->prepare($query);
      $result->execute(array(':s_cj'=>60));
      while($r=$result->fetch(PDO::FETCH_ASSOC))
      {
         echo $r["xh"]," ",$r["xm"]," ",$r["bj"]," ",$r["kc"]," ",
        $r["cj"],"<br>";
      }
   }catch(Exception $e) {
        echo $e->getMessage();
   }
?>
```

程序的运行结果如图 14-4 所示。

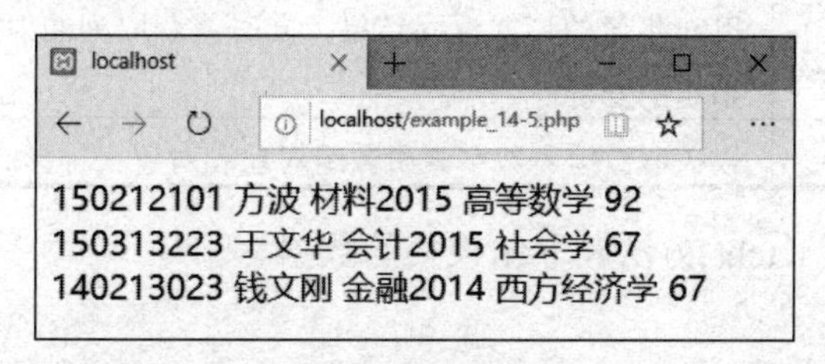

图 14-4　使用 prepare()方法和 execute()方法查询记录结果

提示：

- 提供给预处理处理语句的参数左端要带冒号“:”，而且不需要用引号括起来。如果 prepare()执行的 SQL 语句没有参数，则 execute()的括号应为空。
- 如果在 PHP 程序中只执行一次查询，使用 PDO->query()是较好的选择；如果要多次执行 SQL 语句，最好使用 prepare()和 execute()，这两个方法不仅可以预防 SQL 注入攻击，而且占用的系统资源较少。

14.4　PDO 获取结果集

当使用 PDO->query()或使用 prepare()和 execute()查询记录时，会得到返回的结果集，常用的获取结果集的方法有：fetch()、fetchAll()和 fetchColumn()。

14.4.1　fetch()方法

fetch()方法获取结果集中的下一行，语法格式如下：

```
mixed PDOStatement::fetch(int fetch_style,int cursor_orientation,int
cursor_offset)
```

fetch()方法的参数说明如表 14-7 所示。

表 14-7 fetch()方法的参数说明

参 数	含 义
fetch_style	可选。规定结果集的返回方式，具体值如表 14-8 所示
cursor_orientation	可选。规定 PDOStatement 对象的一个浮动游标，可用于获取指定的一行记录
cursor_offset	可选。规定游标的偏移量

表 14-8 fetch_style()的可选值

值	含 义
PDO::FETCH_ASSOC	关联数组形式
PDO::FETCH_NUM	数字索引数组形式
PDO::FETCH_BOTH	关联数组形式和数字索引数组形式都有，为默认值
PDO::FETCH_OBJ	按照对象的形式
PDO::FETCH_BOUND	以布尔值的形式返回结果，同时将获取列的值赋给 bindParam()方法中指定的变量
PDO::FETCH_LAZY	以关联数组、数字索引数组对象和对象三种形式返回结果

【实例 14-6】使用 fetch()方法获取结果集的数据。

```
<?php
   header("Content-Type:text/html;charset=gb2312");
   include_once("pdo_connect.php");
   $query="select * from  score ";
   try{
       $result=$pdo->prepare($query);
       $result->execute();
       while($r=$result->fetch(PDO::FETCH_OBJ)){
            echo $r->xh," ",$r->xm," ",$r->bj," ",$r->kc," ",
          $r->cj,"<br>";
       }
   }catch(Exception $e){
       echo $e->getMessage();
   }
?>
```

程序的运行结果如图 14-5 所示。

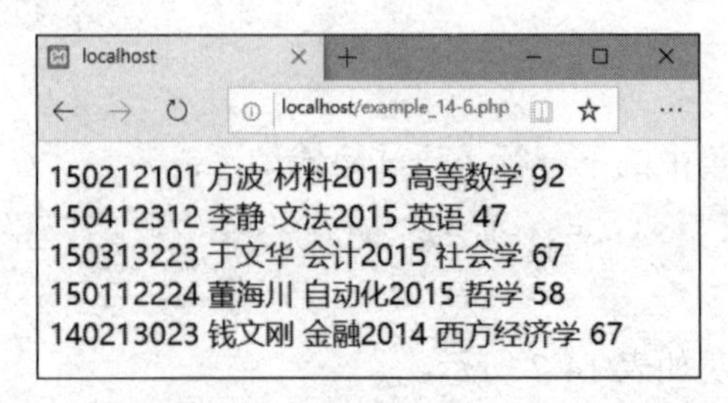

图 14-5 使用 fetch()方法获取结果集的数据

14.4.2　fetchAll()方法

fetchAll()方法可以获取结果集的全部行，它的返回值是一个包含结果集中所有数据的二维数组。其语法格式如下：

```
array PDOStatement::fetchAll(int fetch_style,int column_index)
```

fetchAll()方法的参数说明如表 14-9 所示。

表 14-9　fetchAll()方法的参数说明

参　数	含　义
fetch_style	可选。规定结果集的返回方式，可选值见表 14-8
column_index	可选。规定字段的索引值

【实例 14-7】使用 fetchAll()方法获取结果集的全部数据。

```
<?php
   header("Content-Type:text/html;charset=gb2312");
   include_once("pdo_connect.php");
   $query="select * from  score ";
   try{
      $result=$pdo->prepare($query);
      $result->execute();
      $r=$result->fetchAll(PDO::FETCH_ASSOC);
      for($i=0;$i<count($r);$i++){
         echo $r[$i]["xh"]," ",$r[$i]["xm"]," ",$r[$i]["bj"]," ",
        $r[$i]["kc"]," ",$r[$i]["cj"],"<br>";
      }
   }catch(Exception $e){
      echo $e->getMessage();
   }
?>
```

提示： fetchAll()方法获取的是结果集的全部数据，其结果为二维数组。其中，第一维为行号，从 0 开始；第二维为字段名称。

14.4.3　fetchColumn()方法

fetchColumn()方法获取结果集中下一行的指定列的值，语法格式如下：

```
string PDOStatement::fetchColumn(int column_number)
```

fetchColumn()方法的参数说明如表 14-10 所示。

表 14-10　fetchColumn()方法的参数说明

参　数	含　义
column_num	可选。规定字段的索引值，从 0 开始。若忽略，则从第一列开始取值

【实例 14-8】使用 fetchColumn()获取结果集中下一行的一列数据。

```
<?php
   header("Content-Type:text/html;charset=gb2312");
   include_once("pdo_connect.php");
   $query="select * from  score ";
   $result=$pdo->prepare($query);
   $result->execute();
   echo $result->fetchColumn(0);                    //获取第一行第一列的值
?>
```

14.5 PDO 错误处理

14.5.1 errorCode()方法

errorCode()方法用于捕获在操作数据库句柄时所发生的错误，其中的错误代码称为 SQLSTATE 代码。语法格式如下：

```
int PDOStatement::errorCode(void)
```

errorCode()方法返回一个 SQLSTATE，SQLSTATE 是由数字和字母组成的一个长度为 5 的字符串。

【实例 14-9】显示 errorCode 错误代码。

```
<?php
   header("Content-Type:text/html;charset=gb2312");
   include_once("pdo_connect.php");                    //通过 PDO 连接数据库
   try{
      $query="select * from s_score";
      $result=$pdo->query($query);
      echo "erroCode:",$pdo->errorCode();              //显示错误代码
   }catch(PDOException $e){
      echo "错误：",$e->getMessage();
   }
?>
```

在 SQL 语句里查询的表名 s_score 不存在，显示的错误代码如图 14-6 所示。

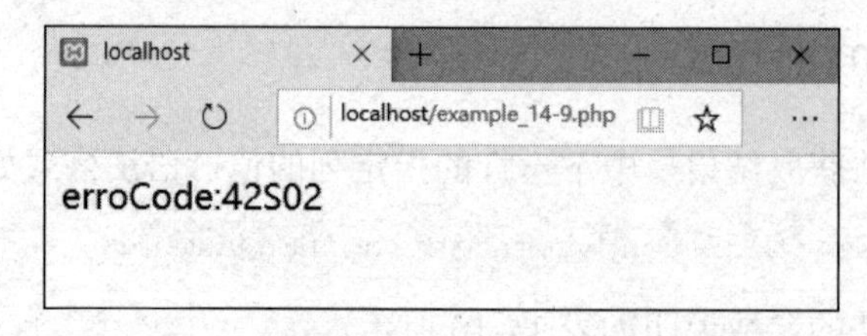

图 14-6　通过 errorCode()方法捕获错误代码

14.5.2 errorInfo()方法

errorInfo()方法用于获取操作数据库句柄时所发生的错误信息，其语法格式如下：

```
array PDOStatement::errorInfo(void)
```

errorInfo()的返回值为一个数组，它包含相关的错误信息。

【实例 14-10】显示 errorInfo 错误信息。

```
<?php
   header("Content-Type:text/html;charset=gb2312");
   include_once("pdo_connect.php");                    //通过 PDO 连接数据库
   try{
      $query="select * from s_score";
      $result=$pdo->query($query);
      print_r($pdo->errorInfo());                      //显示错误信息
   }catch(PDOException $e){
      echo "错误：",$e->getMessage();
   }
?>
```

在 SQL 语句里查询的表名 s_score 不存在，显示的错误信息如图 14-7 所示。

图 14-7　通过 errorInfo()方法捕获错误信息

14.6　PDO 捕获 SQL 语句中的错误

在 PDO 中捕获 SQL 语句的错误可以使用 PDO 函数 setAttribute()来实现，其语法格式如下：

```
bool PDO::setAttribute ( int attribute , mixed value )
```

函数功能：设置数据库句柄的属性。

setAttribute()函数的参数说明如表 14-11 所示。

表 14-11　函数 setAttribute()的参数说明

参　数	含　义
attribute	规定数据库句柄属性。常用的属性如下。 PDO::ATTR_CASE：强制列名为指定的大小写； PDO::ATTR_ERRMODE：错误报告； PDO::ATTR_ORACLE_NULLS：转换 NULL 和空字符串； PDO::ATTR_TIMEOUT：指定超时的秒数

续表

参 数	含 义
value	规定属性的值。在这里显示错误报告的值有以下三个。 PDO::ERRMODE_SILENT：仅设置错误代码，默认值； PDO::ERRMODE_WARNING：警告模式，引发 E_WARNING 错误； PDO::ERRMODE_EXCEPTION：异常模式，抛出 exceptions 异常

14.6.1　使用默认模式 PDO::ERRMODE_SILENT

在默认模式中，设置 PDOStatement 对象的 errorCode 属性，但不进行其他任何操作。

【实例 14-11】使用默认模式设置 errorCode 属性，检测代码中的错误。

```
<?php
    header("Content-Type:text/html;charset=gb2312");
    include_once("pdo_connect.php");                //通过 PDO 连接数据库
    $s_xh="13031201";
    $s_xm="赵文华";
    $s_bj="广告 2013";
    $s_kc="大学语文";
    $s_cj="78";
    $query="insert into score (xh,xm,bj,kc,cj)
values('s_xh','s_xm','s_bj','s_kc',s_cj)";
    $result=$pdo->prepare($query);
    $result->execute();
    $code=$result->errorCode();                     //接收错误代码
    if(empty($code))
       echo "添加记录成功！";
    else                                            //显示错误信息
       echo  "错误：",var_dump($result->errorInfo());
?>
```

由于字段 cj 的值为整型，所以语句$s_cj="78"将$s_cj 的值设置为字符串型是错误的，导致输出结果如图 14-8 所示。

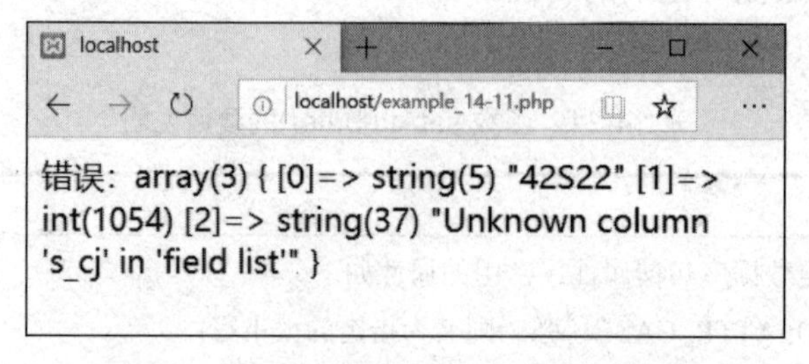

图 14-8　在默认模式下捕获 SQL 中的错误

14.6.2　使用警告模式 PDO::ERRMODE_WARNING

警告模式会产生一个警告，并设置 errorCode 属性。在警告模式下，程序会继续运行下去，除非要检查其错误代码。

【实例 14-12】使用警告模式设置 errorCode 属性，检测代码中的错误。

```
<?php
   header("Content-Type:text/html;charset=gb2312");
   include_once("pdo_connect.php");                //通过 PDO 连接数据库
   try{
      //设置警告模式
      $pdo->setAttribute(PDO::ATTR_ERRMODE,PDO::ERRMODE_WARNING);
      $query="select * from s_score";
      $result=$pdo->prepare($query);
      $result->execute();
      while($r=$result->fetch(PDO::FETCH_OBJ)){
          echo $r->xh," ",$r->xm," ",$r->bj," ",$r->kc," ",
       $r->cj,"<br> ";
      }
   }catch(PDOException $e){
       echo "错误：",$e->getMessage();
   }
?>
```

程序里执行的 SQL 语句中，查询的表 s_score 不存在，因而程序运行后会出现警告，如图 14-9 所示。

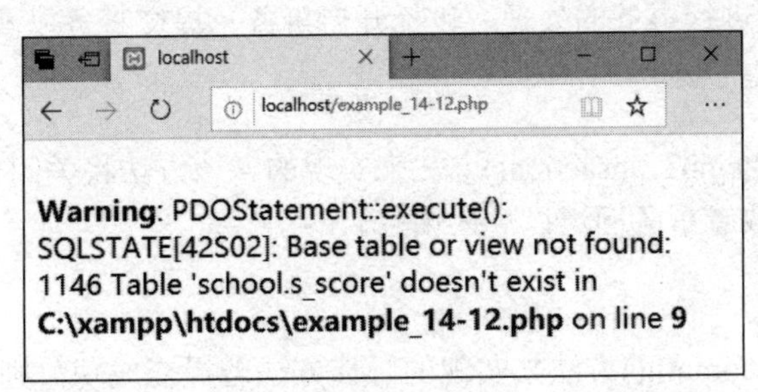

图 14-9　在警告模式下捕获 SQL 中的错误信息

14.6.3　使用异常模式 PDO::ERRMODE_EXCEPTION

异常模式会创建一个 PDOException，并设置 errorCode 属性。

【实例 14-13】使用异常模式设置 errorCode 属性，检测代码中的错误。

```
<?php
   header("Content-Type:text/html;charset=gb2312");
   include_once("pdo_connect.php");  //通过 PDO 连接数据库
   try {
     //设置异常模式
     $pdo->setAttribute(PDO::ATTR_ERRMODE,PDO::ERRMODE_EXCEPTION);
     $query="select * from s_score";
     $result=$pdo->prepare($query);
     $result->execute();
     while($r=$result->fetch(PDO::FETCH_OBJ)){
```

```
        echo $r->xh," ",$r->xm," ",echo $r->bj," ",
      $r->kc," ",$r->cj,"<br>";
    }
  }catch(PDOException $e){
      echo "错误：",$e->getMessage();
  }
?>
```

设置为异常模式后，执行错误的 SQL 语句返回的结果如图 14-10 所示。

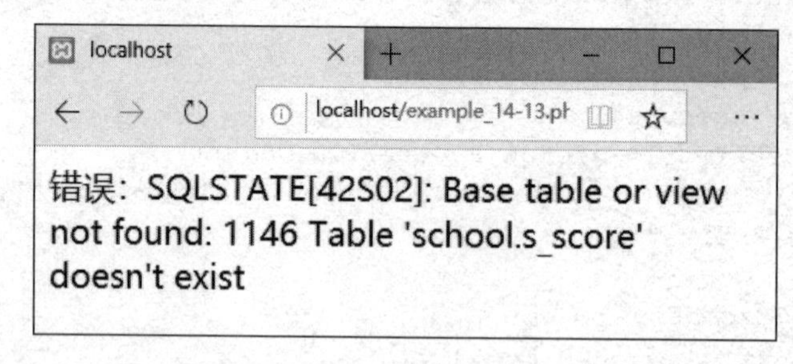

图 14-10　异常模式捕获的 SQL 中出现的错误

14.7　PDO 事务处理

在 PDO 中也可以进行事务的处理，包括开启事务、提交事务以及回滚事务。

1. 开启事务

开启事务是通过 beginTransaction()方法来实现的。该方法将关闭自动提交(autocommit)模式，直到事务提交或者事务回滚以后才恢复。

2. 提交事务

提交事务是通过 commit()方法来实现的。该方法若提交成功，则返回 TRUE，否则返回 FALSE。

3. 回滚事务

回滚事务是通过 rollback()方法来实现的。

【实例 14-14】事务的开启、提交以及回滚。

```
<?php
    header("Content-Type:text/html;charset=gb2312");
    include_once("pdo_connect.php");  //通过 PDO 连接数据库
    try{
        $pdo->beginTransaction();   //开启事务
        $sql="update score set bj='通信 2015' where xh='150212101'";
        $result=$pdo->prepare($sql);
        $result->execute();
        $pdo->commit();                                       //提交事务
    }catch(PDOException $e){
        echo "错误：",$e->getMessage();
```

```
        $pdo->rollback();                                   //回滚事务
    }
?>
```

14.8　综合实训案例

本节主要介绍利用 PDO 设计用户登录界面的方法和步骤。

1. 分析

假定 bookmanage 数据库中包含数据表 user，表的结构如表 14-12 所示。

表 14-12　user 表的结构

字　段	字段类型及长度	含　义
name	Varchar(20)	用户名
password	Varchar(20)	登录密码

创建登录网页 login.html，在文件中创建 form 表单，添加两个文本框控件，名称分别为 login_name、login_password。文件运行结果如图 14-11 所示。

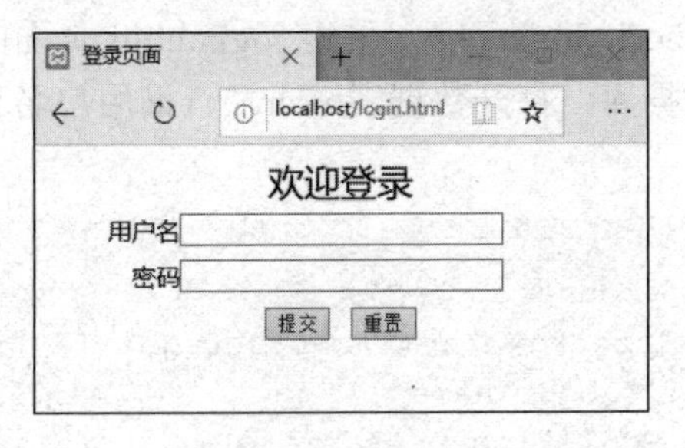

图 14-11　登录页面

用户在页面上依次输入用户名和登录密码，单击“提交”按钮后，系统调用 PHP 程序验证提交的用户名和登录密码是否正确，如正确，则显示“用户登录成功！”，否则显示“用户名或密码错误！登录失败！”

2. 程序代码

login.html 文件代码如下：

```
<html>
<head>
<meta http-equiv="Content-Language" content="zh-cn">
<meta http-equiv="Content-Type" content="text/html; charset=gb2312">
<title>登录页面</title>
</head>
<body>
<div align="center"><form action ="check_login.php" method=post>
<p align="center"><font size="5">欢迎登录</font><br/>
用户名<input type="text" name="login_name" size="30"><br/>
```

```
密码<input type="password" name="login_password" size="30"><br/>
<input type="submit" value="提交" name="B1">  
<input type="reset" value="重置" name="B2"
</form>
</div>
</body>
</html>
```

创建 PHP 程序文件 pdo_connect.php，通过 PDO 连接 MySQL 服务器。程序代码如下：

```
<?php
   $db_name="bookmanage";                                //数据库名称
   $user="root";                                         //连接数据库的用户名
   $password="";                                         //连接数据库的密码
   $host="localhost";                                    //数据库服务器地址
   $dsn="mysql:host=$host;dbname=$db_name";              //数据源名称
   try{
       $pdo=new PDO($dsn,$user,$password);               //实例化对象
       $pdo->query("set names gb2312");
   }catch(Exception $e)          //捕捉错误信息
       echo $e->getMessage();
?>
```

创建 PHP 程序文件 check_login.php，采集 login.html 页面的用户名及登录密码数据，通过 PDO 连接 MySQL 数据库，打开数据表 user，查询用户名和登录密码是否正确。程序代码如下：

```
<?php
  include_once("pdo_connect.php");              //包含 pdo_connect.php 文件
  header("Content-Type:text/html;charset=gb2312");
  $user_name=$_POST["login_name"];              //采集登录用户名
  $user_password=$_POST["login_password"];      //采集用户登录密码
  //判断用户名或登录密码是否为空
  if(empty($user_name) || empty($user_password)){
       echo "用户名或密码不得为空！";
  }
  else  {                    //在 user 表中查询是否存在该用户名和登录密码
      $sql="select * from user where name=:user_name  and 
password=:user_password ";
      try{
           $result=$pdo->prepare($sql);
           $result->execute(array(':user_name'=>$user_name,
':user_password'=>$user_password));
           if($r=$result->fetch(PDO::FETCH_ASSOC))
                echo "用户登录成功！";
         else
                   echo "用户名或密码错误！登录失败！";
        }catch(Exception $e)
              echo $e->getMessage();
    }
?>
```

本章小结

本章详细介绍了 PDO 的特点，使用 PDO 连接 MySQL 数据库的方法，在 PDO 中实现 SQL 语句操作数据表的方法及步骤，在 PDO 中捕捉错误的方法，以及 PDO 中有关事务处理的方法。

习　题

1. 通过 PDO 连接 MySQL 服务器，向 score 表中添加一条记录：学号为 150311215，姓名为“李建军”，班级为“机械 2015”，课程为“机械检测”，成绩为 84 分。

2. 通过 query()方法查询并显示 score 表中班级为“会计 2015”的全部记录信息。

3. 通过预处理语句 prepare()和 execute()，查询 score 表中成绩在 70 到 90 分之间的全部记录信息。

参 考 文 献

[1] 马骏. PHP 应用开发与实践[M]. 北京：人民邮电出版社，2012.

[2] 明日科技，邹天思，潘凯华. PHP 网络编程标准教程[M]. 北京：人民邮电出版社，2009.

[3] 孔祥盛. PHP 编程基础与实例教程[M]. 北京：人民邮电出版社，2011.

[4] 高海茹，李智. MySQL 网络数据库技术精粹[M]. 北京：机械工业出版社，2002.